计算机类技能型理实一体化新形态系列

软件工程与UML项目化实用教程

（第3版）

主　编　刘振华
副主编　王晓蓓　高维亚

清华大学出版社
北京

内 容 简 介

本书从实用的角度出发,以一个贯穿课程始终的项目案例"新闻发布系统"及拆分的 10 个典型工作任务为载体,围绕典型工作任务和知识点由浅入深、由简单到复杂重构教学内容,以实践为导向,理论与实践并重,"岗课赛证"融通,"教学做训育"并行。本书注重内容的先进性、系统性和思想性,以 UML 和面向对象方法为主。本书第 3 版在第 2 版的基础上增加了新方法、新技术和新规范,着重培养学生通过运用 UML 和面向对象的方法与技术,具备规范化、标准化地开发软件项目的实践能力和良好的职业素养。本书具体内容包括选择软件开发模型,认识统一建模语言,新闻发布系统可行性研究与软件开发计划、需求分析与建模、概要设计、详细设计、编码的实现、软件的测试、项目的发布与维护,以及软件项目管理。

本书内容适量,难度适中,既可作为高校计算机类相关专业学生的教材,也可供软件工程师、软件项目管理人员和软件开发人员使用。

本书封面贴有清华大学出版社防伪标签,无标签者不得销售。
版权所有,侵权必究。举报:010-62782989,beiqinquan@tup.tsinghua.edu.cn。

图书在版编目(CIP)数据

软件工程与 UML 项目化实用教程 / 刘振华主编. -- 3 版. -- 北京 : 清华大学出版社,2024.10. -- (计算机类技能型理实一体化新形态系列). -- ISBN 978-7-302-67310-1

Ⅰ. TP311.5;TP312.8

中国国家版本馆 CIP 数据核字第 2024L7J761 号

责任编辑:张龙卿
封面设计:刘代书 陈昊靓
责任校对:刘 静
责任印制:刘海龙

出版发行:清华大学出版社
网　　址:https://www.tup.com.cn,https://www.wqxuetang.com
地　　址:北京清华大学学研大厦 A 座
邮　编:100084
社 总 机:010-83470000
邮　购:010-62786544
投稿与读者服务:010-62776969,c-service@tup.tsinghua.edu.cn
质量反馈:010-62772015,zhiliang@tup.tsinghua.edu.cn
课件下载:https://www.tup.com.cn,010-83470410

印 装 者:三河市科茂嘉荣印务有限公司
经　　销:全国新华书店
开　　本:185mm×260mm　　印 张:17　　字 数:385 千字
版　　次:2016 年 3 月第 1 版　2024 年 12 月第 3 版　　印 次:2024 年 12 月第 1 次印刷
定　　价:49.80 元

产品编号:108031-01

第3版前言

本书是校企合作实施项目化教学改革的产物,也是2022年山东省省级教学成果一等奖"基于'岗课赛证'融通的软件技术专业核心课程群构建与实践"的重要支撑材料之一。本书第1版于2016年出版,第2版于2019年出版。本书自出版至今已经累计重印15次,得到了许多高校广大师生的认可。本版为第3版,在第2版的基础上增加了微课视频、敏捷开发模型及敏捷开发实践案例,更新了一些内容和插图,增加了若干实例等。

"软件工程"是软件技术、软件与信息服务、移动应用开发等专业的一门理论与实践并重的主要专业课程,是学生学习软件工程的基本概念、原理、方法和技术的工程类课程。该课程具有理论性强、抽象程度高、实践性强和综合性强的特点。

软件是新一代信息技术的灵魂,是数字经济发展的基础,是制造强国、网络强国、数字中国建设的关键支撑。在国家推动传统产业转型升级、大力发展新一代信息技术产业的政策背景下,我国迫切需要大量的实践能力强、创新能力强的高素质软件技术技能人才。

传统的软件工程教材重理论、轻实践,重能力、轻素质,教学内容庞杂、抽象,教学实践环节薄弱,教学实施方面存在较大的难度。本书是编者在总结多年软件工程课程教学经验和软件项目研发经验的基础上,本着科学、严谨的态度,根据高校教育的职业性、实践性和先进性要求,通过校企合作而开发的项目导向、任务驱动、"岗课赛证"融通、"教学做训育"并行的理实一体教材。

编者以习近平新时代中国特色社会主义思想为指导,以切实提高教学质量,为我国培养德、智、体、美、劳全面发展的高素质软件技术技能人才为目标,积极进行教材供给侧改革,按照2020年教育部印发的《高等学校课程思政建设指导纲要》要求,对教材进行了重新修订。使用一个真实完整的企业项目"新闻发布系统"作为贯穿课程始终的教学项目案例,按照软件开发一般流程,将项目拆分并设计成10个典型的工作任务,再围绕各个典型工作任务,按照"任务导入—任务清单—案例学习—理论深入—任务实施(边学边做,完成课后练习)—拓展提高"的顺序,由浅入深、由简单到复杂重构教学内容。将行业标准、职业规范和相关职业技能大赛要求嵌入其中,并融于爱国、敬业、诚信等社会主义核心价值观及《中华人民共和国著作权法》和《计算机软件保护条例》等国家的法律法规。旨在培养学生从事中小型规模实际软件工程项目的实践能力和可持续发展能力,培育工匠精神和创新精神,提升职业素质,为学生以后更深入地学习和从事软件工程实践打下良好的基础。

本书的特点如下。

(1) 以习近平新时代中国特色社会主义思想和党的二十大精神为指导,基于课程特点加入素质提升内容。

本书从内容的选取,到"新闻发布系统"项目案例和各个具体实例的选择与设计,都基于课程特点融入爱国强国、遵纪守法、求真务实等素质元素,引导学生树立正确的人生观和价值观。例如,通过对任务 1 中"1.1.4 我国软件产业的发展历程"的学习,教育学生增强民族自豪感和使命感,激励学生向软件名人学习,为国家作出更大的贡献;通过任务 3 中正、反两方面实际案例的学习,教育学生开发软件"不得侵犯他人、集体和国家的利益,不能违反国家政策和法律",培养学生的遵纪守法意识和将来作为软件开发人员的社会责任感;通过对软件项目开发各个阶段的文档编制和项目管理技术规范的学习,培养学生具备遵守规范、认真严谨、精益求精的工匠精神。

(2) 项目案例导向、任务驱动、"岗课赛证"融通、"教学做训育"并行。

本书根据教育部颁布的软件技术专业教学标准和相关课程标准,通过"新闻发布系统"可行性研究、需求分析、设计、编码实现和测试的完整开发过程,以典型工作任务为知识载体,将素质元素,以及国家人力资源和社会保障部、工业和信息化部颁发的程序员、软件设计师、软件评测师的职业素质、岗位职业能力及职业资格要求和软件测试等相关技能大赛内容融入其中。以实践为导向,边学边做,在做和学的过程中,潜移默化地完成职业素质的提升,从而较好地完成高素质软件技术技能人才的培养。

(3) 双线交叉并行、双例互补驱动。

本书以 UML 和当今普遍流行的面向对象软件开发方法内容为主,以传统的结构化方法内容为辅,一主一副双线交叉并行,贯穿教材始终,打破了大部分软件工程教材"先从面向过程入门,再转向学习面向对象"的滞后脱节状态,实现了"使面向过程与面向对象协调与统一"的教学设想;项目案例和丰富的具体实例相结合,双例互补、相辅相成、图文并茂、形象直观,降低了抽象理论知识的学习难度,更利于学生理解和掌握。

(4) 校企合作,教材编写团队专兼结合、德才兼备、优势互补。

本书编者与企业紧密合作,将企业真实的软件项目引入教材,一线工程师和专职教师共同参与教材编写。2021 年国家课程思政教学名师、山东省高校黄大年式教师团队——"新一代信息技术专业群教师团队"的主要成员作为教材编写团队成员,他们具有丰富的教学经验和教材编写经验,与企业工程师优势互补,同心协力,精益求精打造高品质精品教材。

(5) 及时跟踪软件工程技术发展前沿,将新知识、新技术和新规范及时补充到教材中。敏捷开发是目前使用较广泛、较受欢迎的软件开发模型,腾讯有90%以上的产品采用了敏捷开发方法。本版在任务1中增加了"1.5.7 敏捷开发模型"和"敏捷开发实践案例——腾讯敏捷产品开发";软件发布是软件生命周期中的一个重要环节,发布方式对用户满意度、软件推广和市场竞争力都有影响,第3版在任务9中增加了"产品发布方式创新实践案例——腾讯产品灰度发布模式";此外,还将项目案例所用的数据库替换为在Internet上的中小型网站中广泛使用的MySQL。

本课程适合在程序设计语言、数据库原理等专业课之后,以及毕业实习、毕业设计之前开设,建议学时数约为70学时,适当安排实践环节,边学边做,分阶段逐步完成实践课题。为方便教师的教学与学生学习,本书配有"新闻发布系统"demo和电子课件免费供读者参考使用。

本书由刘振华教授编写任务1至任务8;王晓蓓副教授参与编写任务1和任务2,并录制微课视频;高维亚工程师编写任务9和任务10,并重新绘制教材插图;大纲的编制和全书的修订、统稿和定稿由刘振华教授完成,李新教授审读了全书。

在本书的编写过程中,得到了山东师创软件工程有限公司的大力支持。此外,还参考了很多相关图书、学术论文以及百度文库、知乎、微博等网络资源的科普文章,专家和同仁的作品启发了编者思路,在此向提供帮助的合作企业、专家和同仁一并表示感谢。

本书虽经几次修改,但由于编者水平有限,书中难免有疏漏和不当之处,敬请专家和广大读者批评指正,我们将不胜感激。

编 者

2024年8月

目 录

任务 1　选择软件开发模型 …………………………………… 1
  1.1　对软件的认知 …………………………………………… 2
    1.1.1　软件的概念和特点 ………………………………… 2
    1.1.2　软件的分类 ………………………………………… 2
    1.1.3　软件生产的发展过程 ……………………………… 4
    1.1.4　我国软件产业的发展历程 ………………………… 5
  1.2　对软件危机的认知 ……………………………………… 8
    1.2.1　软件危机的主要表现 ……………………………… 9
    1.2.2　软件危机产生的原因 ……………………………… 9
    1.2.3　软件危机的解决途径 ……………………………… 9
  1.3　对软件工程的认知 ……………………………………… 10
    1.3.1　软件工程的基本概念 ……………………………… 10
    1.3.2　软件工程的目标 …………………………………… 10
    1.3.3　软件工程的发展历程 ……………………………… 11
    1.3.4　软件工程的原则 …………………………………… 12
    1.3.5　软件工程方法学 …………………………………… 13
    1.3.6　软件工程过程 ……………………………………… 15
  1.4　对软件生命周期的认知 ………………………………… 16
    1.4.1　软件生命周期的基本概念 ………………………… 16
    1.4.2　软件生命周期的八个阶段 ………………………… 16
  1.5　对软件开发模型的认知 ………………………………… 17
    1.5.1　瀑布模型 …………………………………………… 17
    1.5.2　快速原型模型 ……………………………………… 18
    1.5.3　螺旋模型 …………………………………………… 19
    1.5.4　增量模型 …………………………………………… 20
    1.5.5　喷泉模型 …………………………………………… 21
    1.5.6　基于构件的软件开发模型 ………………………… 22
    1.5.7　敏捷开发模型 ……………………………………… 22

1.6　对计算机辅助软件工程的认知 …………………………………………………… 29
　　1.7　习题 ………………………………………………………………………………… 31

任务 2　认识统一建模语言 ……………………………………………………………… 33
　　2.1　初识 UML ………………………………………………………………………… 34
　　　　2.1.1　UML 简介 …………………………………………………………………… 34
　　　　2.1.2　UML 发展简史 ……………………………………………………………… 34
　　　　2.1.3　UML 的特点和用途 ………………………………………………………… 35
　　2.2　UML 的表示方法 ………………………………………………………………… 37
　　　　2.2.1　UML 视图 …………………………………………………………………… 37
　　　　2.2.2　UML 图 ……………………………………………………………………… 37
　　　　2.2.3　UML 模型元素 ……………………………………………………………… 38
　　　　2.2.4　UML 通用机制 ……………………………………………………………… 40
　　2.3　UML 静态建模 …………………………………………………………………… 42
　　　　2.3.1　用例图 ………………………………………………………………………… 42
　　　　2.3.2　类图 …………………………………………………………………………… 47
　　　　2.3.3　对象图 ………………………………………………………………………… 53
　　　　2.3.4　组件图 ………………………………………………………………………… 54
　　　　2.3.5　配置图 ………………………………………………………………………… 56
　　2.4　UML 动态建模 …………………………………………………………………… 57
　　　　2.4.1　状态图 ………………………………………………………………………… 58
　　　　2.4.2　活动图 ………………………………………………………………………… 61
　　　　2.4.3　顺序图 ………………………………………………………………………… 65
　　　　2.4.4　协作图 ………………………………………………………………………… 67
　　2.5　包图 ………………………………………………………………………………… 69
　　2.6　统一过程 RUP …………………………………………………………………… 71
　　2.7　拓展提高——类图的抽象层次 …………………………………………………… 73
　　2.8　习题 ………………………………………………………………………………… 76

任务 3　新闻发布系统可行性研究与软件开发计划 …………………………………… 77
　　3.1　案例——新闻发布系统可行性研究报告 ………………………………………… 78
　　　　3.1.1　引言 …………………………………………………………………………… 78
　　　　3.1.2　可行性研究的前提 …………………………………………………………… 78
　　　　3.1.3　所建议技术可行性研究 ……………………………………………………… 79
　　　　3.1.4　经济可行性分析 ……………………………………………………………… 79
　　　　3.1.5　社会因素可行性分析 ………………………………………………………… 79
　　　　3.1.6　结论 …………………………………………………………………………… 80
　　3.2　软件定义 …………………………………………………………………………… 80

3.3 项目的可行性研究 …………………………………………………………… 80
　　3.3.1 可行性研究的任务 ……………………………………………………… 81
　　3.3.2 可行性研究的步骤 ……………………………………………………… 83
　　3.3.3 可行性研究的结果 ……………………………………………………… 84
3.4 可行性研究工具——系统流程图的使用 …………………………………… 85
3.5 制订软件开发计划 …………………………………………………………… 87
3.6 习题 …………………………………………………………………………… 88

任务 4　新闻发布系统需求分析与建模 …………………………………………… 89

4.1 案例——新闻发布系统产品需求规格说明 ………………………………… 90
　　4.1.1 系统说明 ………………………………………………………………… 90
　　4.1.2 功能性需求 ……………………………………………………………… 90
　　4.1.3 非功能性需求 …………………………………………………………… 95
4.2 需求分析任务、步骤和方法 ………………………………………………… 97
　　4.2.1 需求获取 ………………………………………………………………… 97
　　4.2.2 需求建模 ………………………………………………………………… 99
　　4.2.3 需求描述 ………………………………………………………………… 99
　　4.2.4 需求验证 ………………………………………………………………… 100
4.3 面向对象需求分析 …………………………………………………………… 101
　　4.3.1 建立用例模型 …………………………………………………………… 101
　　4.3.2 绘制业务流程图 ………………………………………………………… 104
　　4.3.3 绘制活动图 ……………………………………………………………… 105
　　4.3.4 绘制实体—联系图 ……………………………………………………… 107
4.4 结构化分析方法 ……………………………………………………………… 110
　　4.4.1 绘制数据流图 …………………………………………………………… 111
　　4.4.2 编制数据字典 …………………………………………………………… 114
4.5 习题 …………………………………………………………………………… 117

任务 5　新闻发布系统概要设计 …………………………………………………… 118

5.1 案例——新闻发布系统模块设计报告 ……………………………………… 119
　　5.1.1 文档介绍 ………………………………………………………………… 119
　　5.1.2 模块命名规则 …………………………………………………………… 119
　　5.1.3 模块设计 ………………………………………………………………… 120
5.2 面向对象设计 ………………………………………………………………… 128
　　5.2.1 面向对象设计内容 ……………………………………………………… 129
　　5.2.2 面向对象设计原则 ……………………………………………………… 129
5.3 新闻发布系统体系结构设计 ………………………………………………… 133
5.4 开发环境及运行平台的选择 ………………………………………………… 133

5.5 新闻发布系统模式设计 ··· 134
    5.5.1 MVC 设计模式 ·· 134
    5.5.2 DAO 设计模式 ·· 136
5.6 新闻发布系统类设计 ··· 137
5.7 新闻发布系统包设计 ··· 138
5.8 新闻发布系统接口设计 ··· 140
5.9 新闻发布系统数据库设计 ··· 141
5.10 新闻发布系统动态结构设计 ······································ 143
    5.10.1 绘制状态图 ··· 143
    5.10.2 绘制顺序图 ··· 144
    5.10.3 绘制协作图 ··· 147
5.11 编写文档 ·· 148
    5.11.1 编制软件测试计划 ··································· 148
    5.11.2 编制软件概要设计说明 ······························· 149
    5.11.3 编制数据库设计说明 ································· 149
5.12 习题 ·· 150

任务 6　新闻发布系统详细设计　151

6.1 案例——新闻发布系统用户界面设计报告 ························· 152
    6.1.1 应当遵循的界面设计规范 ······························ 152
    6.1.2 界面设计 ·· 153
6.2 绘制新闻发布系统程序流程图 ···································· 160
    6.2.1 程序流程图基本知识 ·································· 160
    6.2.2 绘制程序流程图的方法 ································ 160
6.3 设计数据代码 ··· 162
6.4 输入/输出设计 ·· 164
    6.4.1 输入设计 ·· 164
    6.4.2 输出设计 ·· 165
    6.4.3 新闻发布系统部分输入/输出数据说明 ··················· 165
6.5 用户界面设计 ··· 166
6.6 数据安全设计 ··· 170
6.7 编写软件详细设计说明并复审 ···································· 171
6.8 拓展提高——其他详细设计工具 ·································· 172
6.9 习题 ··· 175

任务 7　新闻发布系统编码的实现　177

7.1 代码结构建模——绘制新闻发布系统组件图 ······················· 178
    7.1.1 组件图的用途 ·· 178

  7.1.2 组件图建模技术 …… 178
  7.1.3 新闻发布系统组件图 …… 178
 7.2 系统物理结构建模——绘制新闻发布系统配置图 …… 179
  7.2.1 配置图建模技术 …… 180
  7.2.2 新闻发布系统配置图 …… 180
 7.3 选择程序设计语言 …… 180
  7.3.1 程序设计语言的分类 …… 181
  7.3.2 选择程序设计语言的标准 …… 182
 7.4 熟悉编码规范,编写符合要求的代码 …… 184
 7.5 面向对象程序设计 …… 186
  7.5.1 面向对象程序设计概念 …… 186
  7.5.2 面向对象程序设计准则 …… 186
 7.6 拓展提高——软件重用 …… 187
  7.6.1 软件重用的优点与级别 …… 187
  7.6.2 软件构件的标准规范、组织和检索 …… 188
  7.6.3 基于构件的软件开发过程 …… 190
  7.6.4 面向对象软件重用技术 …… 191
 7.7 习题 …… 192

任务8 新闻发布系统软件的测试 …… 193

 8.1 案例——新闻发布系统测试用例设计 …… 194
  8.1.1 测试环境 …… 194
  8.1.2 测试用例 …… 194
 8.2 软件测试基础知识 …… 197
  8.2.1 测试的概念、目标和对象 …… 197
  8.2.2 软件测试的基本原则 …… 198
  8.2.3 软件测试方法 …… 199
  8.2.4 软件测试步骤 …… 200
  8.2.5 设计测试方案 …… 202
 8.3 面向对象测试 …… 207
  8.3.1 面向对象语境对测试的影响 …… 208
  8.3.2 面向对象的测试策略 …… 208
  8.3.3 面向对象测试用例设计 …… 209
 8.4 使用软件测试工具 …… 210
  8.4.1 白盒测试工具 …… 210
  8.4.2 黑盒测试工具 …… 211
  8.4.3 测试管理工具 …… 212
 8.5 软件调试 …… 212

		8.5.1 软件调试方法	213
		8.5.2 常用调试策略	213
	8.6	编写软件测试分析文档	214
	8.7	拓展提高——度量程序的复杂性	215
	8.8	习题	216

任务9 新闻发布系统项目的发布与维护 218

	9.1	案例——新闻发布系统用户手册	219
		9.1.1 栏目管理	219
		9.1.2 类别管理	220
		9.1.3 新闻管理	221
	9.2	发布产品	222
	9.3	维护软件	224
		9.3.1 软件维护类型	224
		9.3.2 软件维护方式	224
		9.3.3 软件维护实施	225
		9.3.4 软件可维护性度量	228
		9.3.5 软件维护的副作用	230
	9.4	习题	231

任务10 软件项目管理 232

10.1	软件项目管理概述	233
10.2	估算软件规模	234
	10.2.1 代码行技术	234
	10.2.2 功能点技术	235
10.3	使用COCOMO 2模型估算软件开发工作量	236
10.4	进度管理	238
	10.4.1 估算开发时间	238
	10.4.2 进度控制	238
	10.4.3 甘特图	240
	10.4.4 工程网络图	240
10.5	人员组织	241
	10.5.1 确定项目组成员	242
	10.5.2 确定项目组组织方式	242
10.6	软件质量保证	244
	10.6.1 软件质量	244
	10.6.2 软件质量保证措施	245
10.7	软件配置管理	246

10.8 软件工程的文档管理 …………………………………………………… 248
　　10.8.1 软件文档及其使用对象 ……………………………………… 248
　　10.8.2 软件生存周期各阶段文档的编制 …………………………… 249
　　10.8.3 面向对象软件各种文档的编制 ……………………………… 250
　　10.8.4 文档编制应考虑的因素 ……………………………………… 250
10.9 软件项目管理计划 …………………………………………………… 252
10.10 习题 ………………………………………………………………… 253

参考文献 …………………………………………………………………… 255

任务 1　选择软件开发模型

- 能力目标
  - 能够针对具体软件开发项目选择合适的开发模型。
  - 能够熟练说出软件生命周期的各个阶段。
- 知识目标
  - 掌握与软件工程相关的基本概念。
  - 了解软件危机产生的原因、表现形式和解决途径。
  - 掌握软件工程的基本目标和原则。
  - 掌握软件生命周期各个阶段的主要活动。
  - 理解典型的软件开发过程模型。
  - 领会软件工程的核心思想和意义。

任 务 导 入

在信息社会中，需要大量高质量的计算机软件来进行信息的获取、处理、交换和供人们做出决策。人们对计算机软件的种类、数量、功能、质量、成本、开发时间和软件资源共享等提出越来越高的要求，并越来越重视软件、软件开发及运行环境的标准化。20 世纪 60 年代发生的软件危机(software crisis)促使了"软件工程"这个概念的诞生。人们开始重视软件开发方法、工具和环境的研究，并在这些领域取得了重要成果。

如何以较低的成本开发出高质量的、满足用户需求的、易于维护的软件，如何延长软件的使用时间，这些都是软件工程学研究的问题。软件工程学是指导计算机软件开发和维护的工程学科。

任 务 清 单

(1) 对软件的认知。
(2) 对软件危机的认知。
(3) 对软件工程的认知。
(4) 对软件生命周期的认知。
(5) 对软件开发模型的认知。
(6) 对计算机辅助软件工程的认知。

1.1 对软件的认知

1.1.1 软件的概念和特点

软件(software)是指使计算机运行所需的程序、数据和有关文档的总和。

1. 软件包括的内容

软件包括以下三方面内容。
(1) 能够完成预定功能和性能的程序。
(2) 运行程序需要的数据。
(3) 描述程序功能、使用和维护的各种文档。
提示：
(1) 软件产品的构成包括程序代码，开发、使用和维护程序所配套的文档。对于软件的概念要完整理解。
(2) "程序"不是软件的全部，与程序相关的文档是软件不可缺少的组成部分。文档是与软件开发、使用和维护相关的图文资料。软件是一种特殊产品，搞清楚软件开发与一般产品制作过程的区别，对深入了解软件工程方法中蕴含的软件工程思想非常重要。

2. 软件具有的特点

(1) 软件是逻辑产品，具有无形性的特点，通过计算机的执行才能体现它的功能和作用。
(2) 软件只会退化，不存在磨损和消耗问题。
(3) 软件的成本主要体现在开发和研制上，可进行大量的复制。
(4) 软件主要靠脑力劳动生产，开发和维护成本高。

1.1.2 软件的分类

按照不同的原则和标准，可将软件划分为不同的种类。

1. 根据软件的功能进行分类

根据软件的功能可将软件划分为系统软件和应用软件两大类。
(1) 系统软件。系统软件泛指为了有效地使用计算机系统、给应用软件开发与运行提供支持，或者能为用户管理与使用计算机提供方便的一类软件。如基本输入/输出系统(BIOS)、操作系统(如 Windows)、程序设计语言处理系统(如 C 语言编译器)、数据库管理系统(如 Oracle、Access)、常用的实用程序(如磁盘清理程序、备份程序)等都是系统软件。

系统软件的主要特征：它与计算机硬件有很强的交互性，能对硬件资源进行统一的控制、调度和管理。系统软件有一定的通用性，它并不是专为解决某个具体应用而开发的。在通用计算机系统中，系统软件是必不可少的。

（2）应用软件。应用软件泛指专门用于解决各种具体应用问题的软件。由于计算机的通用性和应用的广泛性，应用软件比系统软件更丰富多样。

按照开发方式和适用范围，应用软件可再分成通用应用软件和定制应用软件两大类。

① 通用应用软件。不论是学习、工作、娱乐，人们都需要阅读、书写、通信和查找信息，而这些活动都有相应的软件为我们提供更方便、更有效的操作。这样的软件称为通用应用软件。

通用应用软件分为若干类，如办公软件、信息检索软件、游戏软件、媒体播放软件、网络通信软件、绘图软件等。这些软件设计精巧、易学易用，多数用户几乎不经培训就能使用。在普及计算机应用的进程中，它们起到了很大的作用。

② 定制应用软件。定制应用软件是按照不同领域用户的特定应用要求而专门设计开发的软件，如超市的销售管理系统、大学教务管理系统、酒店客房管理系统等。这类软件专用性强，设计和开发成本相对较高，只有一些机构用户需要购买。

提示：由于应用软件是在系统软件的基础上开发和运行的，而系统软件又有多种，如果每种应用软件都要提供能在不同系统上运行的版本，将导致开发成本大大增加。目前，有一类称为"中间件"(middleware)的软件，它们作为应用软件与各种系统软件之间使用的标准化编程接口和协议，可以起到承上启下的作用，使应用软件的开发相对独立于计算机硬件和操作系统，并能在不同的系统上运行，实现相同的应用功能。

2. 根据软件的权益进行分类

根据软件的权益进行分类，软件可分为商品软件(product software)、共享软件(shareware)和自由软件(freeware)。

（1）商品软件。用户需要付费才能得到其使用权。它除了受版权保护外，通常还受软件许可证的保护。软件许可证是一种法律合同，它确定了用户对软件的使用方式，扩大了《中华人民共和国著作权法》给予用户的权利。例如，《中华人民共和国著作权法》规定将一个软件复制到其他机器去使用是非法的，但软件许可证允许用户将购买的软件安装在本单位的若干台计算机上使用，或者允许所安装的软件同时被若干个用户使用。

（2）共享软件。这是一种"买前免费试用"的具有版权的软件，它通常允许用户试用一段时间，也允许用户进行复制和散发。但过了试用期若还想继续使用，需要缴纳注册费，成为注册用户。

（3）自由软件。用户可共享自由软件，允许随意复制、修改其源代码，允许销售和自由传播。但对软件源代码的任何修改都必须向所有用户公开，允许此后的用户享有进一步复制和修改的自由。自由软件有利于软件共享和技术创新，它的出现成就了 TCP/IP、Apache 服务器软件和 Linux 操作系统等一大批软件精品的产生。

3. 根据软件的规模进行分类

根据开发软件所需的人力、时间以及完成的源程序大小,可划分为下述六种不同规模的软件。

(1) 微型软件。微型软件是指一个人在几天之内完成的、自己编写的语句不超过 500 行的软件。

(2) 小型软件。小型软件是指一个人在半年之内完成的、自己编写的、语句在 2000 行以内的程序。

(3) 中型软件。中型软件是指 5 个人以内在一年左右时间里完成的、语句为 5000~5 万行的程序。

(4) 大型软件。大型软件是指 10~20 人年(1 人年为一个人工作一年的工作量)完成的、语句为 5 万~10 万行的程序。

(5) 甚大型软件。甚大型软件是指 100~1000 人参加、用 4~5 年时间完成的、语句为 100 万行程序的软件项目。

(6) 特大型软件。特大型软件是指 2000~5000 人参加、10 年左右时间完成的、语句为 1000 万行以内的程序。

1.1.3 软件生产的发展过程

自从 20 世纪 40 年代电子计算机问世以来,计算机软件随着计算机硬件的发展而逐步发展,其发展经历了四个阶段。

1. 程序设计时期

1946 年到 20 世纪 60 年代初,是计算机软件发展的初期,一般称为程序设计时期,其主要特征是程序生产方式为个体手工方式。程序设计往往是为了一个特定的应用而在指定的计算机上设计和编制程序,采用密切依赖于计算机的机器代码或汇编语言,软件的规模比较小,文档资料通常也不存在,很少使用系统化的开发方法,基本上是一种个人设计、个人使用、个人操作、自给自足的软件生产方式。

2. 程序系统时期

20 世纪 60 年代初到 70 年代初,是计算机软件发展的第二个时期,一般称为程序系统时期。生产方式是作坊式小集团合作生产,生产工具是高级语言,并开始提出结构化设计方法。

这个时期程序的规模已经很大,需要多人分工协作,软件的开发方式由"个体生产"发展到了"软件作坊"。可是"软件作坊"基本上沿用了软件发展早期所形成的个体化的开发方式,导致软件的开发与维护费用以惊人的速度增加。许多软件产品根本不能维护,最终导致出现了严重的"软件危机"。

3. 软件工程时期

20世纪70年代中期至80年代中期,是计算机软件发展的第三个时期,一般称为软件工程时期。软件的开发以工程化的思想为指导,用工程化的原则、方法和标准来开发与维护软件。

4. 面向对象时期

20世纪80年代中期至今,面向对象方法日益受到人们的重视,给软件产业带来了新的飞跃。这个时期一般称为面向对象时期,面向对象软件开发技术在迅速取代传统的软件工程开发方法。

1.1.4 我国软件产业的发展历程

我国的软件产业起步时间较晚,最初的发展是从20世纪70年代开始的,发展历程主要分为萌芽期、起步期、成长期和发展期四个阶段。软件在我国从无到有、从小到大,其发展史就是一部波澜壮阔的创新史。

1. 萌芽期

20世纪70年代至80年代初,我国软件产业进入萌芽时期。1978年,计算机工业管理局的成立,标志着计算机工业在我国的开始。在此期间,中国计算机服务公司(中软前身)、中国计算机软件公司及中国计算机系统集成公司的相继成立,为我国软件产业的发展奠定了良好的基础。

2. 起步期

20世纪80年代初至80年代末,我国软件产业的发展进入了起步期。1984年,中国软件行业协会的成立,标志着软件以产业的身份登上了中国的历史舞台。1986年,第一个关于软件产业发展规划的指导性文件《关于建立和发展我国软件产业的报告》出台,中共中央、国务院批准了《高技术研究发展计划纲要》(863计划)。其间,国产软件的龙头企业中国计算机软件与技术服务总公司(简称中软)成立,第一个国家级高新技术产业开发区北京中关村科技园区建立,我国的软件产业开始了面向市场、面向客户的转变。

3. 成长期

20世纪90年代初至2000年初,我国软件产业的发展进入了成长期。"三金工程"(即金桥工程、金关工程和金卡工程)启动,Internet在国内逐步兴起,推动了软件产品和服务面在各个方面的应用,使得软件市场急速膨胀,对软件产业的发展产生深远影响。

随着我国软件市场的急剧扩大,国际软件厂商微软、IBM、Oracle等公司纷纷在我国设立微软(中国)、IBM中国公司、Oracle中国公司等分公司,在推进我国软件市场的壮大发展中也发挥了重要作用。

我国软件产业开始探索新的发展方式,借鉴国外软件产业发展的成功模式,我国采取了集群式的发展方式,分别在北京、上海、大连、济南等10个城市建设10个国家软件产业基地;东软集团、用友网络科技股份有限公司等多家软件公司先后成功上市。

4. 发展期

2000年至今,随着《鼓励软件和集成电路产业发展的若干政策》(国发〔2000〕18号)、《振兴软件产业行动纲要(2002年至2005年)》(国办发〔2002〕47号)、《国务院关于加快培育和发展战略性新兴产业的决定》(国发〔2010〕32号)和《新时期促进集成电路产业和软件产业高质量发展的若干政策》(国发〔2020〕8号)等一系列政策的出台,我国软件产业的发展环境得到了进一步的优化。特别是近几年,随着"创新驱动发展""互联网+""网络强国""一带一路""数字中国"等重大战略的实施,新一轮科技和产业革命正在不断深化,互联网、大数据、云计算、人工智能和区块链等新技术迅速发展,为我国软件产业的发展提供全新机会,开辟出一条新的发展道路,我国软件产业因此迎来新的机遇增长期,将进入自主创新、融合应用、协同突破的新时期。

在国家的高度重视和大力支持下,软件产业快速发展,并取得了显著成就。产业规模效益快速增长,综合竞争力实现新的跃升。操作系统(深度、统一、麒麟、鸿蒙等)、数据库(达梦、神舟OSCAR、南大通用GBase和OceanBase等)、办公软件(WPS Office等)等取得一系列标志性成果,部分新兴平台软件、应用软件达到国际领先水平。据工业和信息化部统计,2022年,全国软件和信息技术服务业规模以上企业超3.5万家,软件业务收入跃上十万亿元台阶。下一步我们要重点突破关键软件,推动软件产业做大做强,提升关键软件技术创新和供给能力。

💡 软件名人

中国软件产业从无到有、从弱到强、从点到面,最终形成了一个发展最快、前景最好、影响最大的一个全新产业。在软件产业的发展过程中,先后涌现出了许许多多在软件史上做出杰出贡献的人物,在此不一一列举,下面仅简要介绍部分软件名人(排名不分前后)。

(1)"中关村之父"陈春先(1934—2014):1978—1981年三次访问美国,受美国"硅谷"现象的启发,在1980年10月提出要在中关村建立"中国的硅谷",并身体力行成立了"先进技术服务部"。此举大大推进了中关村高新技术企业的发展,并导致后来北京新技术产业开发试验区和中关村园区的成立。

(2)"CCDOS的作者"严援朝(1951—):1983年严援朝为PC长城机开发了CCDOS软件,其突出贡献便是解决了汉字在计算机内存储和显示的问题,具有划时代意义。

(3)"中国第一程序员"求伯君(1964—):1989年成功开发WPS 1.0,填补了我国中文字处理软件的空白。

(4)"中国中间件第一人"袁红岗(1969—):他是中国最早在Windows平台上开发企业应用软件的程序员之一。他组织开发了国内第一个符合Java EE标准的应用服务器产品,并通过了Java EE标准认证,这是国内首次在系统级软件方面站在了世界的前列。

(5)"杀毒英雄"王江民(1951—2010):他是我国最早的计算机反病毒专家。1989年开始从事微机反病毒研究,开发出 KV 系列反病毒软件。38 岁开始学习计算机,两三年之内成为中国最出色的反病毒专家之一;45 岁只身一人独闯中关村办公司,产品很快占据反病毒市场的 80% 以上。他身残志坚的毅力和品质也让很多程序员面对困难和挫折时从中得到鼓舞。

(6) "五笔字型之父"王永民(1943—):1978—1983 年,发明被国内外专家评价为"其意义不亚于活字印刷术"的"五笔字型"(王码),覆盖国内 90% 以上用户。冲破了国内汉字形码快速输入必须借助 188 键大键盘的思想束缚,首创 26 键标准键盘形码输入方案,开创了汉字输入能像西文一样方便输入的新纪元。

(7) 鲍岳桥(1967—):1992 年编写出 PTDOS 1.0。1993 年 5 月进入希望计算机公司,从事 UCDOS 的开发工作,同年 10 月发布 UCDOS 3.0。1994—1997 年先后主持开发 UCDOS 3.1~UCDOS 7.0,以及 UCWIN Gold 1.0。1998 年组建北京联众电脑技术有限公司。

(8) 邓中翰(1968—):1999 年 10 月,邓中翰回国与国家信息产业部在北京中关村共同创建了中星微电子有限公司,担任董事长,并担任星光中国芯工程总指挥,成功地开发出中国第一个打入国际市场的星光中国芯,彻底结束了"中国无芯"的历史。2009 年,邓中翰当选为中国工程院最年轻的院士。

(9) 李彦宏(1968—):2000 年创办百度,发展成为全球第二大独立搜索引擎和最大的中文搜索引擎,中国最具价值的品牌之一。2017 年 4 月 19 日,百度发布面向汽车行业及自动驾驶领域合作伙伴的软件平台 Apollo(阿波罗),是全球范围内自动驾驶技术的第一次系统级开放。

(10) 雷军(1969—):1992 年加盟金山公司,1998 年 8 月担任金山公司总经理;2000 年年底,金山公司股份制改组后,出任北京金山软件股份有限公司总裁;2011 年 7 月,出任金山软件董事长。2010 年,联合创办小米科技,组建了国际化团队,推出小米手机、小米之家、小米生态等,并成功走向海外。

(11) 刘强东(1974—):1998 年 6 月 18 日在中关村创办京东公司。2004 年涉足电子商务领域,目前京东商城已成为中国最大的自营式电商企业之一。带领京东成为全球前十大互联网企业,在美国纳斯达克上市。

(12) 周鸿祎(1970—):360 公司创始人、董事长兼 CEO,1998 年创建 3721 公司;1999 年正式提供网络实名中文上网服务,开创中文上网服务之先河。2006 年,创建奇虎 360 公司,首倡互联网"免费安全"模式,颠覆了传统互联网安全概念,改变了市场格局,迅速成长为中国最大的互联网安全服务提供商。2018 年 2 月 28 日,历时三年运作,360 回归 A 股,在上交所上市,成为"网络安全国家队"。

(13) 李开复(1961—):1998 年 7 月,李开复加入微软并在中国创建、领导微软中国研究院(现为微软亚洲研究院)。2005 年,负责谷歌中国研发中心的运营,并担任谷歌全球副总裁兼大中华区总裁。2009 年 9 月从谷歌离职后创办创新工场,旨在培育创新人才和新一代高科技企业。

(14) 张一鸣(1983—):2012 年,张一鸣创办字节跳动。推出基于数据挖掘的推荐引擎产品今日头条、火山小视频、抖音、悟空问答等。

职业素质

软件产业是关系国民经济和社会发展全局的基础性、战略性和先导性产业,也是发展极其迅猛、技术日新月异的产业。软件人才的质量和数量对软件产业的发展影响重大,我国迫切需要大量的高素质软件技术技能人才。软件技术等专业的学生能否满足企业需求并为国家发展做出较大贡献,在很大程度上取决于本人的职业素质。职业素质越高的人,满足企业需求和为国家做贡献的能力就会越强一些。希望大家在学习专业知识和技能的同时,也要注重职业素质的全面提升。

职业素质由思想政治素质、职业道德素质、科学文化素质、专业技能素质和身体心理素质五方面构成。在职业素质中,思想政治素质是灵魂,职业道德素质是核心,科学文化素质是基础,专业技能素质是关键,身体心理素质是前提。通过企业调研和查阅相关文献资料,现把许多企业在招聘软件开发人员时的任职要求归纳如下。

(1) 坚定拥护中国共产党的领导,在习近平新时代中国特色社会主义思想指引下,自觉践行社会主义核心价值观,坚持正确的历史观、民族观、国家观和文化观,具有深厚的爱国情怀,树立正确的世界观、人生观和价值观。

(2) 爱岗敬业、诚信守法,具有社会责任感。

(3) 具有较强的科学精神、工匠精神和团队精神,具有较强的责任意识、服务意识、规范意识、质量意识、软件工程意识、知识产权保护意识、信息安全意识、创新意识和集体意识。

(4) 具有软件开发人员必备专业知识和专业技能,具有较强的学习能力、沟通能力、分析和解决问题的能力、技术文档撰写能力和抗压能力,具有规范化、标准化的代码编写和测试调试习惯。

(5) 具有健康的体魄、心理和健全的人格。

1.2 对软件危机的认知

20世纪60年代中期到70年代中期,软件开始作为一种产品被广泛使用,并出现了"软件作坊",专门为他人的需求写软件。软件开发基本上仍然沿用早期的个体化软件开发方式。

随着计算机应用范围的迅速扩大,对软件需求快速增长。软件规模逐步扩大,复杂程度提高,软件可靠性问题日益突出。落后的软件生产方式无法满足迅速增长的软件需求,从而导致软件开发与维护过程中出现一系列严重问题,"软件危机"就这样爆发了。

1968年北大西洋公约组织的计算机科学家在联邦德国召开的国际学术会议上第一次提出了"软件危机"这个名词。软件危机包括两方面问题:如何开发软件以满足用户对软件日益增长的需求;如何维护数量迅速增长的已有软件。

1.2.1 软件危机的主要表现

（1）软件开发生产率提高的速度远远不能满足用户的需要。
（2）软件功能与实际需求不符。
（3）软件产品质量差。软件开发团队缺少完善的软件质量评审体系及科学的软件测试规程，导致最终的软件产品存在很多缺陷。
（4）对软件开发成本和进度的估计常常不准确。
（5）软件文档既不完整也不合格。
（6）软件的可维护性差，维护费用高。很多程序缺乏相应的文档资料，程序中的错误难以改正，有时改正了已有的错误又引入新的错误。随着软件的社会拥有量越来越大，维护占用了大量人力、物力和财力。

自20世纪80年代以来，尽管软件工程研究与实践取得了可喜的成就，软件技术水平有了长足的进步，但软件危机并没有消失，且有加剧之势。

1.2.2 软件危机产生的原因

软件危机的出现，使得人们去寻找产生软件危机的原因，发现其原因主要有以下几方面。

（1）软件具有可运行的行为特性，在写出程序代码并在计算机上运行之前，软件开发过程的进展质量较难衡量，很难检验开发的正确性。
（2）软件规模庞大，逻辑结构复杂。
（3）对软件需求分析工作不够重视，导致最后研制出的软件产品无法满足用户的需求。
（4）软件开发人员之间、软件开发人员与用户之间交流沟通过程中发生的理解差异。
（5）软件开发技术和工具落后。
（6）软件管理技术落后，没有统一的软件质量管理规范。

1.2.3 软件危机的解决途径

为了克服软件危机，北大西洋公约组织提出了"软件工程"的概念，运用其他工程学的基本原理和方法，设计和管理软件生产。软件工程学从此诞生了，这是目前发现的解决软件危机唯一有效的方法。

软件工程学主要研究软件生产的客观规律性，建立与系统化软件生产有关的概念、原则、方法、技术和工具。指导和支持软件系统的生产活动，达到降低软件生产成本、改进软件产品质量、提高软件生产水平的目标。软件工程学从硬件工程和其他人类工程中吸收了很多成功的经验，明确提出了软件生命周期模型，发展了许多软件开发与维护阶段适用的技术和方法，并应用于软件工程实践，取得了良好效果。

在软件开发过程中,人们开始研制和使用软件工具,用于辅助进行软件项目管理与技术生产。人们还将软件生命周期各阶段使用的软件工具有机地集合成为一个整体,形成能够连续支持软件开发与维护全过程的集成化软件支援环境,从管理和技术两方面解决软件危机问题。

此外,基于程序变换、自动生成和可重用软件等新技术的研究也取得了一定的进展,并把程序设计自动化的进程向前推进了一步。在软件工程理论的指导下,发达国家已经建立起较为完备的软件工业化生产体系,形成了强大的软件生产能力。软件标准化与可重用性得到了工业界的高度重视,这在避免重复劳动及缓解软件危机方面起到了重要作用。

1.3 对软件工程的认知

自 1970 年起,软件开发进入了软件工程阶段。由于"软件危机"的产生,迫使人们不得不研究、改变软件开发的技术手段和管理方法,从此,软件生产进入了软件工程时代。

1.3.1 软件工程的基本概念

自从 1968 年北大西洋公约组织在国际学术会议上正式提出"软件工程"一词,一门为研究和克服软件危机的工程学科——软件工程学应运而生,人们开始了对软件工程的研究。

软件工程学有多种定义,概括地说,软件工程是用科学知识和技术原理来定义、开发、维护软件的一门学科。它应用工程的概念、原理、技术和方法,以及应用科学的开发技术和管理方法来开发软件。

软件工程学研究的主要内容是软件开发技术和软件开发管理两个方面:软件开发技术包括软件开发方法学、软件开发过程、软件开发工具和环境;软件开发管理包括软件度量、项目估算、进度控制、人员组织、配置管理、项目计划等。

1.3.2 软件工程的目标

软件工程的目标是提高软件产品的质量和软件开发效率,减少软件维护的难度。衡量质量的详细指标如下。

(1) 适用性。软件在不同的系统约束条件下,使用户需求得到满足的难易程度。

(2) 有效性。软件系统能最有效地利用计算机的时间和空间资源。各种软件无不把系统的时/空开销作为衡量软件质量的一项重要技术指标。时/空开销折中是经常采用的技巧。

(3) 正确性。软件能够准确无误地执行用户需求的各种功能,满足用户要求的各种性能指标。

(4) 可靠性。可靠性有时也称为健壮性,就是在硬件、操作系统出现小故障,或者人为操作不当的情况下,不会导致软件系统失效。

(5) 可理解性。可理解性包括两个方面的内容,一是软件系统结构清晰、容易理解;二是程序算法功能清晰,容易读懂。可理解性有助于控制系统软件的复杂性,并支持软件的维护、移植或重用。

(6) 可维护性。软件交付使用后,能够对它进行修改,以改正潜伏的错误,改进性能和其他属性,使软件产品适应环境的变化等。软件维护费用在软件开发费用中占有很大的比重。可维护性是软件工程中一项十分重要的目标。

(7) 可重用性。软件中的某个部分可以在系统的多处重复使用,或者在多个系统中使用。

(8) 可移植性。软件从一个计算机系统或环境搬到另一个计算机系统或环境的难易程度。

(9) 可追踪性。根据软件需求对软件设计、程序进行正向追踪,或根据软件设计、程序对软件需求的逆向追踪的能力。

(10) 互操作性。多个软件元素相互通信并协同完成任务的能力。

提示:软件工程目标的实现无论在理论上还是在实践中,均存在很多待解决的问题,它们形成了对过程、过程模型及工程方法选取的约束。

1.3.3 软件工程的发展历程

1. 传统软件工程

20世纪70年代,人们提出了软件开发工程化的思想,形成了软件工程的基本概念和框架。面对软件危机的挑战,人们进行了不懈努力,这些努力大致上是沿着两个方向同时进行的。

(1) 从管理的角度,希望实现软件开发过程的工程化。这方面最为著名的成果就是提出了"瀑布式"生命周期模型。它是在20世纪60年代末"软件危机"后出现的第一个生命周期模型。后来,针对该模型的不足,又提出了快速原型法、螺旋模型、喷泉模型等,对"瀑布式"生命周期模型进行了补充。目前,它们在软件开发的实践中被广泛采用。

这方面的努力,还使人们认识到了文档的标准以及开发者之间、开发者与用户之间的交流方式的重要性,从而确定了一些重要文档格式的标准,包括变量、符号的命名规则以及源代码的规范。

(2) 侧重对软件开发过程中分析、设计方法的研究。这方面的重要成果是在20世纪70年代风靡一时的结构化开发方法,以及结构化的分析、设计和相应的测试方法。

2. 过程软件工程

面向对象分析(object oriented analysis,OOA)和面向对象设计(object oriented design,OOD)的出现使传统的软件开发方法发生了巨大变化。这时,进一步提高软件生产率、保证软件质量就成为软件工程追求的更高目标。软件开发开始进入以过程为中心的第二阶段,随之而来的是面向对象建模语言(以 UML 为代表)、软件复用、基于组件的软件开发等新的方法和领域。

与之相应的是从企业管理的角度提出的软件过程管理,即关注于软件生命周期中所实施的一系列活动,并通过过程度量、过程评价和过程改进等一系列优化活动,使得软件过程循环往复、螺旋上升式地发展。其中最著名的软件过程成熟度模型是美国卡内基梅隆大学软件工程研究所(SEI)建立的 CMM(capability maturity model),即能力成熟度模型。此模型在建立和发展之初,主要目的是为大型软件项目的招投标活动提供一种全面而客观的评审依据。而发展到后来,又被应用于许多软件机构内部的过程改进活动中。

3. 构件软件工程

进入 20 世纪 90 年代后,软件开发技术的主要处理对象是网络计算和支持多媒体信息的国际互联网。为了适应企业规模、资源共享、群组协同工作的需求,需要开发大量的分布式处理系统。

因整体性软件系统难以更改,所以提倡基于部件(构件)的开发方法,即部件互联及集成。同时,人们认识到计算机软件开发领域的特殊性,不仅要重视软件开发方法和技术的研究,更要重视软件体系结构、软件设计模式、互操作性、标准化、协议等领域的重用经验。软件重用和软件构件技术正逐步成为主流软件技术。

1.3.4 软件工程的原则

软件工程的原则是指围绕工程设计、工程支持以及工程管理在软件开发过程中必须遵循的原则。

1. 选取适宜的开发模型

该原则与系统设计有关。在系统设计中,软件需求、硬件需求以及其他因素间是相互制约和影响的,需要权衡。因此,必须认识需求定义的易变性,并采用适当的开发模型,保证软件产品满足用户的要求。

2. 采用合适的设计方法

在软件设计中,通常需要考虑软件的模块化、抽象与信息隐蔽、局部化、一致性以及适应性等特征。合适的设计方法有助于这些特征的实现,以达到软件工程的目标。

3. 提供高质量的工程支撑

在软件工程中,软件工具与环境对软件过程的支持非常重要。软件工程项目的质量与开销直接取决于对软件工程所提供的支撑质量和效用。

4. 重视软件工程的管理

软件工程的管理直接影响可用资源的有效利用、能否生产出满足目标的软件产品以及提高软件组织的生产能力等问题。因此,对软件予以有效管理,才能实现有效的软件工程。

1.3.5 软件工程方法学

通常把在软件生命周期全过程中使用的一整套技术的集合称为方法学或者范型。软件工程方法学的三个基本要素是方法、工具和过程。其中,方法是完成软件开发各项任务的技术方法,工具是开发软件的支撑环境,过程是完成开发软件各项任务的工作步骤。

目前使用较广泛的软件工程方法学主要有传统方法学和面向对象方法学。

1. 传统方法学

传统方法学也称生命周期方法学或结构化范型,是一种面向数据流的开发方法。它采用结构化分析(structured analysis)、结构化设计(structured design)和结构程序设计(structured programming)来完成软件开发的各项任务,并使用适当的软件工具或软件工程环境来支持结构化技术的运用。传统方法学的基本思想是自顶向下,逐步求精。其核心本质是"分解"或者称为"分而治之"。即将系统功能按层次进行分解,每一层不断将功能细化,到最后一层都是功能单一、简单易实现的模块。传统方法学程序构成示意图如图1-1所示。

图 1-1 传统方法学程序构成示意图

传统方法学把软件开发工作的全过程依次划分为若干个阶段,然后顺序地逐步完成每个阶段的任务。每一个阶段的开始和结束都有严格标准,在每一个阶段结束之前都必须进行正式严格的技术审查和管理复审。对于任何两个相邻的阶段而言,前一阶段的结束标准就是后一阶段的开始标准。

传统方法学应用较广,技术成熟、简单、容易掌握,特别适合于数据处理领域中的应用。缺点有三个方面:一是系统是基于功能分析和功能分解建立起来的,结构依赖于功能,当软件的功能需求发生变化时就可能引起系统结构的整体修改,稳定性不好。二是将结构化分析和结构化设计人为地分成两个独立的部分,将描述数据对象和描述作用于数据上的操作分别进行。而实际上,数据和对数据的处理是密切相关、不可分割的,分别处理会增加软件开发和维护的难度,特别是当软件规模较大,或者对软件的需求是模糊的或随时间变化时,使用传统方法学开发软件往往不成功,而且使用传统方法学开发出的软件,维护起来通常都很困难。三是通过建立标准函数库来重用软构件,但标准函数缺少必要的"柔性",难以适应不同场合的不同需要,可重用性差。

2. 面向对象方法学

面向对象(objected oriented,OO)方法是 1979 年以后发展起来的,是当前软件工程方法学的主要方向,也是目前最有效、最实用和最流行的软件开发方法之一。它是在汲取结构化方法的思想和优点的基础上发展起来的,是对结构化方法的进一步发展和扩充。比较典型的面向对象方法有 Coad 方法、Booch 方法和 OMT(object modeling technique)等。

面向对象方法认为客观世界是由各种对象组成的,任何事物都是对象,大的复杂对象可以由比较简单的对象以某种方式组合而成,整个世界就是一个最复杂的对象。因此,面向对象的软件系统是由对象组成的,软件中的一切元素都是对象,大的复杂软件对象由比较简单的对象组合而成。由此可见,面向对象方法用对象分解取代了传统方法的功能分解。

面向对象方法把所有对象都划分成各种类。对象的属性和操作是由类定义的,类中的数据结构定义了对象的属性数据,类中的算法定义了对象中的操作。一个类定义的属性和操作,这个类的所有对象都可以使用。

类具有层次结构。按照父类(或称为基类)与子类(或称为派生类)的关系,把若干个相关类组成一个层次结构的系统(也称为类等级)。在系统中,子类自动拥有其父类中定义的数据和操作,这种现象称为继承。

对象之间通过传递消息进行协作。对象的所有私有信息都被封装在该对象内,不能从外界直接访问,其他对象通过对象接口名和参数向该对象发送消息,对象接到消息后,执行该接口对应的操作,这就是封装性。

3. 面向对象方法学的优点

(1) 易理解。面向对象方法学用符合人类认识世界的思维方法来分析和解决问题,使开发软件的方法与过程尽可能接近人类认识世界解决问题的方法和过程。通过分析问题域,确定类和对象,定义类或对象的属性和操作,建立类或对象之间的静态和动态联系。使解空间(也称求解域)对象可以直接模拟问题空间(也称问题域)的对象,解空间与问题空间的结构十分一致,降低了复杂性,因此,这样的程序易于理解。

(2) 比较适合大型软件产品开发。首先,用面向对象方法开发软件时,可以把一个大型软件产品看作一系列本质上相互独立的小产品(对象)来处理,这样能够降低开发工作的技术难度和管理难度。其次,面向对象方法特有的继承性和多态性使得使用这种方法开发的软件更易于扩充,能很好地适应复杂系统不断发展与变化的要求。最后,面向对象开发方法采用消息传递机制作为对象之间相互通信的唯一方式。发送消息的对象可以将同一条消息同时发送至多个对象,并允许这些对象按照自身的适当方式加以响应。这种消息传递机制与分布式并行程序、多机系统、网络通信等模型一致,从而强有力地支持复杂大系统的分析与运行。

（3）可维护性好。面向对象方法学从三个方面改善了可维护性：一是用对象模拟问题域中的实体，用对象间的联系刻画实体间的联系。因为实体是相对稳定的，因此，以对象为中心构造的软件系统也是相对稳定的。当需求发生变化时，通常只需要做一些局部性的修改，不会引起软件结构的整体变化。例如，从已有类派生出一些新的子类以实现功能扩充或修改，增加或删除某些对象等。二是类是封装良好的模块，类独立性强，只要修改不涉及类的对外接口，则内部修改完全不影响外部调用，而且继承性和多态性使其很容易被修改和扩充。三是只要向类的实例发消息即可运行它，从而观察它是否被正确地实现，所以对类的测试通常比较容易实现，而且如果有问题产生也往往集中在类的内部，比较容易调试。

（4）可重用性好。在面向对象方法中，一个类所有的实例都可重用它的代码；子类能够继承其父类的属性和操作，类的继承性也提高了软件的重用性；多态性增强了软件的灵活性，减少了信息冗余，也提高了软件的重用性和可扩充性。

总之，面向对象方法学通过提高可维护性、可扩充性、可修改性和可重用性等，从长远角度改进了软件系统的质量。

1.3.6 软件工程过程

ISO 9000 定义：软件工程过程是把输入转化为输出的一组彼此相关的资源和活动。定义支持了软件工程过程两个方面的内涵。

（1）软件工程过程是指为获得软件产品，在软件工具支持下由软件工程师完成的一系列软件工程活动。基于这一方面，软件工程过程通常包含以下四种基本活动。

① plan——软件规格说明。规定软件的功能及其运行时的限制。

② do——软件开发。产生满足规格说明的软件。

③ check——软件确认。确认软件能够满足客户提出的要求。

④ action——软件演进。为满足客户的变更要求，软件必须在使用的过程中演进。

事实上，软件工程过程是一个软件开发机构针对某类软件产品为自己规定的工作步骤，它应当是科学的、合理的，否则必将影响软件产品的质量。

（2）从软件开发的角度看，软件工程过程就是使用适当的资源（包括人员、硬软件工具、时间等），为开发软件进行的一组开发活动，在过程结束时将输入（用户要求）转化为输出（软件产品）。

我们也可以将软件工程过程归纳为以下三个阶段。

① 定义阶段，即可行性研究、初步项目计划、需求分析。

② 开发阶段，即概要设计、详细设计、实现、测试。

③ 运行和维护阶段，即运行、维护、废弃。

综上所述，软件工程过程是将软件工程的方法和工具综合起来，以达到合理、及时地进行计算机软件开发的目的。软件工程过程应确定方法使用的顺序、要求交付的文档资料、为保证质量和适应变化所需要的管理和软件开发各个阶段完成的任务。

软件生命周期

1.4 对软件生命周期的认知

1.4.1 软件生命周期的基本概念

软件生命周期(software life cycle)也称为软件生存周期。同任何事物一样,一个软件产品或软件系统也要经历孕育、诞生、成长、成熟、衰亡等过程,即软件的产生直到报废的过程。

把整个软件生命周期划分为若干阶段,使得每个阶段有明确的任务,使规模大、结构复杂和管理复杂的软件开发变得容易控制和管理。

通常,软件生命周期包括问题定义、可行性研究、需求分析、软件设计(概要设计和详细设计)、编码、测试、验收与运行、维护、升级、废弃等活动,可以将这些活动以适当的方式分配到不同的阶段去完成。

这种按时间分段的思想方法是软件工程中的一种思想原则,即按部就班、逐步推进,每个阶段都要有定义、工作、审查、形成文档以供交流或备查,以提高软件的质量。但随着新的面向对象的设计方法和技术的日益成熟,软件生命周期设计方法的指导意义正在逐步减少。

1.4.2 软件生命周期的八个阶段

(1)问题定义。确定软件系统的目标、规模和基本任务。

(2)可行性研究。从经济、技术、法律等方面分析确定软件系统是否值得开发。

(3)需求分析。确定软件系统应具备的功能和性能。通常使用模型工具描述软件的逻辑模型,以防止出现开发出来的软件与用户实际需求不相符的后果。

(4)概要设计。概要设计阶段确定软件的总体结构、软件的体系结构、软件的模块结构。

(5)详细设计。这个阶段还不是编写程序,而是对每个模块设计具体的算法和数据结构,可以包括具体细节,类似于工程设计中的施工图纸。

(6)程序编码。根据详细设计的结果,用一种程序设计语言来编写正确的源程序。

(7)软件测试。在软件设计完成后要经过严密的测试,以发现软件在整个设计过程中存在的问题并加以纠正。整个测试过程分模块(单元)测试、集成测试以及确认测试三个阶段。测试的方法主要有白盒测试和黑盒测试两种。在测试过程中需要建立详细的测试计划,并严格按照计划进行测试,以减少测试的随意性。

(8)运行维护。软件投入运行后,通常有四类维护活动:改正性维护、完善性维护、适应性维护和预防性维护。改正性维护是改正软件中的错误;完善性维护是根据用户的要求增加软件功能或改善软件性能;适应性维护是修改软件让其适应新的环境;预防性维护是为将来的维护做准备。

提示：软件生命周期和软件测试生命周期的联系是软件测试生命周期并行于软件生命周期，存在于软件生命周期的各个阶段。

1.5 对软件开发模型的认知

1.5.1 瀑布模型

为了规范软件开发过程，使开发出的软件易于维护，1970年温斯顿·罗伊斯（Winston Royce）提出了第一个软件过程模型——瀑布模型。在20世纪80年代之前，瀑布模型（waterfall model）一直是唯一被广泛采用的软件过程模型，现在它仍然是软件工程中应用得非常广泛的过程模型。

瀑布模型是基于软件生存周期的模型，它是传统软件工程的基础模型。其核心思想是按软件生命周期的八个阶段将问题化简，采用结构化的分析与设计方法，将功能的实现与设计分开，便于分工协作，并且规定了各个阶段自上而下、相互衔接的固定次序，如同瀑布流水，逐级下落。瀑布模型软件开发过程如图1-2所示。

图 1-2 瀑布模型软件开发过程

1. 瀑布模型的优点

（1）明确的阶段划分。瀑布模型对软件开发的各个阶段进行了明确的划分，每个阶段的输入、输出、目标和质量要求都明确，可以有效控制开发过程，降低开发风险。

（2）开发阶段具有顺序性和依赖性。在瀑布模型中，软件开发的各个阶段间具有依赖性和严格的顺序性。前一阶段的工作结束后，下一阶段的工作才能开始；前一阶段的输出文档是后一阶段的输入文档；每个阶段都要进行严格的测评和审查；下一阶段发现问题，可以返回上一阶段进行重新设计。

（3）严格的阶段质量保证。瀑布模型强调质量控制，为了保证软件的质量，严格规定每个阶段必须提交的文档，每个阶段结束前都要对该阶段所完成的文档（或程序）进行评审（或测试），以便尽早发现问题，及时改正错误，能够最大限度地保证软件质量和可靠性。

（4）严格的文档化管理。瀑布模型注重文档化管理，每个阶段都需要编写相应的文档，可以提高沟通效率，保证开发过程的可追溯性和可管理性。

（5）适合需求明确的大型项目。瀑布模型适合在软件需求比较明确，开发技术比较成熟，工程管理比较严格的场合下使用，瀑布模型的计划性和控制性能够有效保证项目的质量和进度。

2. 瀑布模型的缺点

（1）不支持需求动态变化。瀑布模型要求在软件开发的初始阶段（需求分析阶段）就要给出系统全面、准确的用户需求，这在实际操作中往往难以实现。因为随着时间的推移，用户需求是会发生一些变化的，如果用户需求发生变化，由于瀑布模型开发过程是线性的，就需要回到需求分析阶段重新开始，这样会增加很多工作量。

（2）文档负担重。瀑布模型依赖于大量的文档来指导开发过程，但过多的文档增加了工作量。

（3）交付时才能看到产品。瀑布模型开发过程是线性的，各个阶段严格按顺序推进，因此用户只有等到开发结束才能看到整个软件系统产品，这样很可能导致用户和开发者难以有效沟通，用户参与度低，使最终开发出的软件产品不能真正满足用户的需求，从而增加了开发成本。

总之，瀑布模型适合于目标简单明了、结果可预测和需求明确且不易变动的软件系统开发。它在项目风险管理和用户需求满足方面存在局限性，难以适应需求不断变化、需求不确定和快速迭代的软件系统的开发。

本书主要以瀑布模型为典型的软件开发过程模型，依次介绍软件生命周期各个阶段的工作。

1.5.2　快速原型模型

快速原型模型（rapid prototype model）是快速开发一个可以运行的程序，它能完成的功能往往是最终的软件产品所能完成的功能的一个子集。

20世纪80年代后期，随着计算机辅助设计的应用，产品造型和设计能力得到极大提高。然而在产品设计完成后及批量生产前，必须制造出样品以表达设计构想，快速获取产品设计的反馈信息，并对产品设计的可行性进行评估、论证。为了提高产品市场竞争力，从产品开发到批量投产的整个过程都迫切要求降低成本和提高速度。快速原型技术的出现,为这一问题的解决提供了有效途径。快速原型的开发过程如图 1-3 所示。

图 1-3 快速原型模型的开发过程

快速原型模型比瀑布模型更符合人们认识事物的过程和规律,是一种比较实用的开发框架。它能够克服瀑布模型的缺点,减少由于软件需求不明确带来的开发风险,适用于那些不能预先确切定义需求的软件系统的开发。

1.5.3 螺旋模型

风险是软件开发项目中普遍存在的、不可忽视的不利因素。项目越大,软件产品越复杂,承担该项目所冒的风险也就越大。软件风险会在不同程度上影响软件开发过程或软件产品质量。因此,在软件开发过程中必须及时分析、识别风险,制定对策,以消除或减少风险的危害。

1988 年,Barry Boehm 正式发表了软件系统开发的"螺旋模型"(spiral model),它将瀑布模型和快速原型模型结合起来,强调了其他模型所忽视的风险分析,特别适合于大型复杂的软件项目开发。可以把螺旋模型看作在每个阶段之前都增加了风险分析过程的快速原型模型。

螺旋模型沿着螺线进行若干次迭代,图 1-4 中的四个象限代表了以下活动。

(1)制订计划。确定软件目标,选定实施方案,弄清项目开发的限制条件。

(2)风险分析。分析评估所选方案,考虑如何识别和消除风险。

(3)实施工程。实施软件开发和验证。

(4)客户评估。评价开发工作,提出修正建议,制订下一步计划。

图 1-4 中螺旋线旋过的角度值代表开发进度。螺旋线每个周期对应于一个开发阶段。每个阶段首先是确定该阶段的目标、完成这些目标的选择方案及其约束条件。其次,从风险角度分析方案的开发策略,努力排除各种潜在的风险。如果某些风险不能排除,该方案立即终止,否则启动下一个开发步骤。最后,评价该阶段的结果,并设计下一个阶段。

螺旋模型的优点包括强调风险分析,在设计上具有灵活性,允许在各个开发阶段进行变更;以小分段构建大型软件系统,使成本计算简单;客户始终参与每个阶段的开发,保证项目不偏离正确方向以及项目可控性;强调约束条件和可选方案,有利于软件的重用,有助于将软件质量融入开发中;维护与开发过程完全一致,减少过多测试或测试不足带来的风险。

螺旋模型的缺点包括它是一种风险驱动的方法,它需要开发人员具有丰富的风险评

图 1-4 螺旋模型

估经验和专门知识,否则可能会因为不能正确评估风险而出现真正的风险;螺旋模型不适合规模较小或需求明确的项目;由于强调风险分析,可能会导致开发周期变长,增加开发成本,推迟软件交付的时间。

1.5.4 增量模型

增量模型(incremental model)也称为渐增模型。在增量模型中,把软件产品作为一系列的增量构件来设计、实现、集成和测试。每个构件是由多个能够完成特定功能的、相互作用的模块构成。按照增量模型开发软件的过程如图 1-5 所示。

图 1-5 按照增量模型开发软件的过程

使用增量模型开发软件时,第一个增量往往是实现基本需求的核心产品。核心产品交付用户使用后,经过评价形成下一个增量的开发计划,它包括对核心产品的修改和一些新功能的发布。这个过程在每个增量发布后不断重复,直到产生最终的完善产品。

例如,使用增量模型开发课程学习网站。第一个增量实现静态页面的页面布局,第二个增量完成内容的填充,第三个增量实现网上组卷阅卷功能,第四个增量完成网上学习交互功能。

增量模型在各个阶段并不交付一个可运行的完整产品,而是交付满足用户需求子集的可运行产品。整个产品被分解成若干个构件,开发人员逐个构件交付产品。这样做的好处是软件开发可以较好地适应变化,客户可以不断地看到所开发的软件,从而降低开发风险。但是,增量模型也存在以下缺陷。

(1) 由于各个构件是逐渐并入已有的软件体系结构中的,所以加入构件必须不破坏已构造好的系统部分,这需要软件具备开放式的体系结构。

(2) 在开发过程中,需求的变化是不可避免的。增量模型的灵活性可以使其适应这种变化的能力大大优于瀑布模型和快速原型模型,但也很容易退化为边做边改模型,从而使软件过程的控制失去整体性。

1.5.5 喷泉模型

上述几种模型使用的都是结构化的软件开发过程。随着面向对象的软件开发方法的运用,出现了一些面向对象的软件开发过程模型。1990 年,B.H.Sollers 和 J.M.Edwards 提出了喷泉模型(fountain model)。喷泉模型是一种以用户需求为动力,以对象为驱动的模型,主要用于采用面向对象技术的软件开发项目。

喷泉模型认为软件开发过程自下而上周期的各阶段是相互迭代和多次反复的,就像水喷上去又可以落下来,类似一个喷泉。各个开发阶段没有特定的次序要求,并且可以交互进行,可以在某个开发阶段中随时补充其他任何开发阶段的遗漏。

喷泉模型主要用于面向对象的软件项目,软件的某个部分常常被重复多次,相关对象在每次迭代中随之加入渐进的软件成分。各阶段之间无明显边界,这就是喷泉模型的无间隙性。

由于对象概念的引入,表达分析、设计、实现等活动只用对象类和关系,从而可以较为容易地实现活动的迭代和无间隙。使用喷泉模型的软件开发过程如图 1-6 所示。

图 1-6 使用喷泉模型的软件开发过程

1. 喷泉模型的优点

（1）开发效率高。喷泉模型不像瀑布模型那样，需要分析活动结束后才开始设计活动，设计活动结束后才开始编码活动。该模型的各个阶段没有明显的界限，开发人员可以同步进行开发，因而可以提高软件项目开发效率，节省开发时间，适应于面向对象的软件开发过程。

（2）利于及时改错。可以从任何一个开发阶段转到其他任意一个开发阶段，各个阶段之间没有明显的界限。即整个开发过程中补漏、纠错的切入点多，不受开发阶段的限制。

2. 喷泉模型的缺点

（1）管理难。由于喷泉模型在各个开发阶段是重叠的，因此在开发过程中需要大量的开发人员，因此不利于项目的管理。

（2）文档审核难。这种模型要求严格管理文档，使得审核的难度加大，尤其是面对可能随时加入各种信息、需求与资料的情况。

1.5.6 基于构件的软件开发模型

基于构件的软件开发模型是近几年出现的一种新的软件设计方法，它被开发人员普遍看好而且发展很快，这种方法以面向对象技术为基础，将对象类作为构造系统的基本模块，通过对组件的选择、例化和集成来构造新的应用系统。即在确定需求描述的基础上，开发人员首先进行构件分析和选择；其次设计或者选用已有的体系结构框架，复用所选择的构件；最后将所有的组件集成在一起，并完成系统测试，如图1-7所示。

图1-7　基于构件的软件开发模型

1.5.7 敏捷开发模型

如何迅速、高效地开发软件系统，适应用户需求的快速变化，确保软件系统的质量，控制软件开发成本，是软件工程一直面临的问题。传统的软件开发模型注重文档及严控过程的特点，使得软件系统开发过程变得复杂，开发效率也随之降低。例如，传统开发模型各个阶段的详细文档往往会分散开发人员应对需求变化的精力,当需求发生变化时,既需要修改文档,又需要修改代码,如果顾此失彼,就难以保证文档与代码的同步,最后就会形成很多和代码不一致的系统开发文档,容易造成混乱甚至严重的错误,从而对软件开发的成本、工作量、开发进度、软件质量都形成了严峻的考验。自20世纪90年代以来,软件工程领域涌现出了一些新的软件开发方法。这些方法主张软件开发只编写少量文档,以用户为中心,主动适应变化,被称为敏捷软件开发(agile software development)。

敏捷开发以用户需求进化为核心,采用迭代、循序渐进的方法进行软件开发。在敏捷开发中,软件项目在构建初期被切分成多个子项目,各个子项目的成果都经过测试,具备可视、可集成和可运行使用等特征。换言之,就是把一个大项目分为多个相互联系而又可独立运行的小项目,并分别完成,在此过程中软件一直处于可使用状态。

敏捷开发把需求分析过程分散到整个开发的过程中,让开发和需求分析并行进行,将目标产品与开发人员紧密联系起来,强调交流和沟通,渐进地向客户交付软件,尽早地激发不可避免的需求变化。它弱化文档,关注用户核心价值;简化流程,关注目标结果。相对其他方法,敏捷开发能够应对需求的快速变化,能以较小的代价获得更好的效果。目前,被人们熟知的敏捷开发过程(agile development process)模型有Scrum模型和极限编程等。

1. Scrum 模型

1995年,K. Schwaber等在OOPSLA会议上正式提出了Scrum,该词来源于橄榄球运动,意为一个团队带球冲锋,强调团队的整体性。Scrum包括了一系列实践和预定义角色,是用于开发、交付和持续支持复杂产品的一个框架,是一个增量的、迭代的开发过程。Scrum的最初实践是在1993年,被Easel公司用于需求无法确定的商务型软件产品开发。Scrum将软件开发看作"黑盒",认为软件开发是不可预测的,但是可以控制。因为Scrum体现了良好应用价值,所以它被腾讯、谷歌、雅虎、IBM和阿里巴巴等国内外互联网大企业纷纷采纳,使得企业能够抢占最佳市场契机,降低了产品风险。其中,腾讯有90%以上的产品采用了Scrum开发方法。Scrum是目前使用最广泛、最受欢迎的敏捷软件开发过程之一。

(1) Scrum框架。Scrum框架主要包括3个角色、3个工件、5个事件和5个价值。

① 3个角色。Scrum团队的3个角色分别是产品经理(product owner)、项目经理(Scrum master)和开发团队(team)。

产品经理主要负责整理用户需求,确定需求的优先级,并对其进行排序,是管理产品需求列表的唯一责任人,指定软件的发布日期和交付的内容,同时有权利接受或拒绝开发团队的工作成果。

项目经理主要负责整个Scrum流程在项目中的正确顺利实施和进行,同时负责召开各种会议,协调项目,帮助团队移除障碍和争取外部的支持,保护团队专注目标,不受外界干扰,对流程负责。

开发团队主要负责软件产品在Scrum规定的流程下进行开发工作,在每个迭代结束时,交付潜在可发布已完成的产品增量。整个团队是由具有研发、测试、设计等不同技能的成员组成的跨职能团队,人数控制在 5～10 人,成员之间通过紧密协同,完成每一次迭代的目标,交付产品。

② 3 个工件。Scrum 的 3 个工件分别为产品需求列表(product backlog)、迭代待办列表(sprint backlog)和产品增量(product increment)。

③ 5 个事件。Scrum 的 5 个事件分别是迭代(sprint)、迭代计划会议(sprint planning meeting)、每日站会(daily stand up meeting)、迭代评审会议(sprint review meeting)和迭代回顾会议(sprint retrospective meeting)。

④ 5 个价值。Scrum 的 5 个价值分别是:承诺,即愿意对目标做出承诺;专注,即把你的心思和能力都用到你承诺的工作上去;开放,即 Scrum 把项目中的一切开放给每个人看;尊重,即每个人都有他独特的背景和经验;勇气,即有勇气做出承诺,履行承诺,接受别人的尊重。

(2) Scrum 敏捷开发流程。整个 Scrum 开发过程由若干个迭代周期组成,一个迭代周期称为一个 Sprint,每个 Sprint 的长度通常在 2～4 周,在每个迭代周期内构建一个可用的和潜在可发布的产品增量。在整个开发过程期间,迭代的长度保持一致,前一个迭代结束后,新的迭代紧接着立即开始。

在 Scrum 中,使用产品需求列表来管理产品的需求,在需求列表中按照价值对需求进行排序。在迭代中,Scrum 团队从产品需求列表中挑选最高优先级的需求进行开发。挑选的需求在迭代计划会议上经过讨论、分析和估算得到相应的迭代待办列表。

Scrum 敏捷开发流程如图 1-8 所示。

图 1-8　Scrum 敏捷开发流程

① 编写产品需求列表。产品需求列表是 Scrum 的核心,是一份涵盖产品中已知所需每项内容的有序列表,是产品需求变动的唯一来源。其由产品经理整理用户需求(user story),包括产品功能要求、缺陷、用户提出的改进意见、具有竞争力的功能及技术升级等,按照优先级排序后拟定。产品经理编写产品需求列表时还需要制定相应的验收标准,

为排序高的产品需求添加更详细的细节,并随着与开发团队的持续交流,将列表逐步精细化。Scrum 的产品需求列表是一个动态的、不断地被修订的列表。

② 召开迭代计划会议。迭代计划会议在每个迭代的第一天举行,目的是选择和估算本次迭代工作项,确立迭代目标。迭代目标是指本次迭代通过实现产品需求列表要达到的目的,同时它也为开发团队提供指引,使得开发团队明确开发增量的目的。

需求讲解会:由产品经理组织,项目经理和开发团队参加。产品经理负责讲解用户需求,对需求进行估算和排序,评估需求列表中的所有问题,公开上次演示会议和回顾会议的结果。在迭代计划会议中,整个小组通过估算的方式,按优先级将用户需求从产品需求列表中移入迭代待办列表,表示整个小组承诺本次迭代要做完的任务。做完的标准是测试通过,除非此任务不可测试。如果团队认为迭代待办列表中项过多,和产品经理一起删减需求列表;反之,从产品需求中选择优先级最高的问题,加入迭代待办列表。最后,Scrum 团队根据讨论结果确定迭代目标。

任务讲解会:由项目经理组织,产品经理和开发团队参加,开发团队也可以邀请其他人员参加会议,以获得技术或领域知识方面的建议。项目经理对需求列表的每一项进行任务分解,分解的标准是完成迭代待办列表中的所有任务。如果任务需时超过一天,则把该任务分解成几个子任务。小组成员按个人喜好领取自己的任务,无人认领的任务则由项目经理指派负责人,确保每个任务都有明确的负责人。

③ 每日站会。项目经理负责召集每日站立会议,一般固定在每天的同一时间、地点举行,每个人 30 秒到 1 分钟,整个会议一般不超过 15 分钟。在每日站会上,每个成员主要回答三个问题:昨天做了什么,今天准备做什么,在工作中遇到了哪些困难。会后,项目经理需要安排人帮助解决团队成员遇到的困难,并把问题加入障碍需求列表中;还需要根据任务的实施进度,更改项目管理软件中的任务状态、工时预计剩余等,得到最新的迭代需求列表。每个工作日结束后,更新燃尽图。

④ 迭代评审会议。迭代结束之后,召开评审会议,展示本次迭代取得的成果并进行评审,产品经理根据评审结果,更新产品需求列表。

⑤ 迭代回顾会议。在每个产品增量发布的时候都会召开一次回顾会议。项目的所有成员都必须参加,包括项目的开发人员、测试人员、项目经理、产品经理等,每个人都要去总结他在上一个迭代中遇到的问题及其解决方法、存在的不足及改进措施等。做得好的,在下一个迭代中发扬光大;做得不好的,在下一个迭代中注意改进。

在 Scrum 中通过 3 个活动进行检验和适应:每日站会检验迭代目标的进展并做出调整,从而优化次日的工作价值;迭代计划和演示会议检验发布目标的进展并做出调整,从而优化下一个迭代的工作价值;迭代回顾会议是用来回顾已经完成的迭代,并且确定做出什么样的改善可以使接下来的迭代更加高效、更加令人满意,并且工作更快乐。

2. 极限编程

极限编程(extreme programming,XP)是 Kent Beck 在 1996 年提出的一种近螺旋式的软件开发方法。它和 Scrum 一样采用迭代的交付方式,每个迭代时间为 1~3 周,在每个迭代结束的时候,团队交付可运行的、经过测试的功能,这些功能可以马上投入使用。

通过积极的交流、反馈以及其他一系列的方法,开发人员和客户可以非常清楚进度、变化、待解决的问题和潜在的困难等,并根据实际情况及时地调整开发过程。极限编程是一个轻量级的、灵巧的软件开发方法,同时它也是一个非常严谨和周密的方法,它在敏捷开发中占据重要地位,适用于10人以下的开发组,被广泛应用于需求不清楚、不确定和发挥性强的场合。

极限编程主要内容包括4个价值、5条原则和12个最佳实践。

(1) 4个价值。

① 沟通。极限编程强调沟通对于软件系统开发的重要性,但是它侧重于基于口头而不是文档、报表和计划的交流。

② 简单。极限编程主张用最简单的技术来解决当前的问题。

③ 反馈。极限编程主张通过持续、明确的反馈来获得软件的状态,它对于软件项目的成功实施是至关重要的。

④ 勇气。极限编程强调快速开发并在必要时具有重新进行开发的信心。

(2) 5条原则。

① 快速反馈。极限编程要求软件开发人员从用户处迅速得到有关软件系统的反馈情况,比如软件开发人员通过小步迭代迅速了解用户的反映,以确认当前所做的开发工作是否满足用户的需求,通过经常性的自动化测试和集成迅速了解软件系统的运行状况。

② 简单性假设。极限编程要求软件开发人员只考虑当前迭代所面临的问题,无须考虑将来(如下一次迭代)所面临的问题,并且用最简单的方法和技术来解决问题。

③ 逐步更改。极限编程要求通过一系列细微的修改来逐步解决问题和完善系统,不要期望一次迭代就开发出一个完整的软件系统。

④ 支持变化。极限编程要求在软件开发过程中支持用户需求的动态变化。

⑤ 高质量的工作。极限编程要求采用诸如测试驱动开发等技术高质量地开展工作,确保所开发软件系统的质量。

(3) 12个最佳实践。

① 计划游戏(planning game)。计划游戏旨在帮助软件开发团队快速制订下一次迭代的软件开发计划。参与计划游戏的人员包括软件开发人员和业务人员。业务人员在计划游戏中的职责包括:确定范围即系统应当满足哪些需求,确定需求的优先级,划分版本,规定发布日期等。业务人员计划决策需要得到软件开发人员的反馈和支持。软件开发人员在计划游戏中的职责包括:估算实训每项功能所需的时间,解释业务人员的决策在技术上的影响,确定日程安排,分配工作等。

② 隐喻(metaphor)。为了帮助每个人十分清楚地理解要完成的用户需求及要开发的系统功能,极限编程开发小组用很多形象的比喻来描述系统或功能模块是怎样工作的。

③ 小型发布(small release)。极限编程强调在非常短的时间内以递增的方式发布新版本,每次发布的软件系统仅提供少量的功能。好处是可以很容易地计算每个迭代周期的进度,提高软件开发小组对软件开发进度的估算能力和精度,便于控制工作量和风险;同时,也有助于从用户处获得对软件系统使用情况的真实反馈信息,并可以及时处理用户的反馈。

④ 简单设计(simple design)。极限编程认为代码的设计应该尽可能简单,只要能满足目前需求即可。在极限编程中,没有那种传统开发模型中一次性的、针对所有需求的总体设计,设计过程几乎一直贯穿于整个项目开发:从制订项目的计划,到制订每个开发周期的计划,再到针对每个需求模块的简捷设计和设计的复核,一直不间断地进行设计重整和优化。整个设计过程是个螺旋式的、不断前进和发展的过程。

⑤ 测试驱动开发(test-driven)。测试驱动开发的基本思想就是在开发功能代码之前先编写测试代码,然后只编写使测试通过的功能代码,从而以测试来驱动整个开发过程的进行。这有助于编写简洁可用和高质量的代码,有很高的灵活性和健壮性,能快速响应变化,并加速开发过程。

⑥ 重构(refactoring)。重构是指在不改变程序代码功能的前提下,改进程序代码的设计,使程序代码更加简单,更易于扩展。极限编程通过重构使软件系统具有灵活的结构,易于接受变化。重构是一个持续的简化过程,适用于代码的设计和测试,甚至对极限编程本身也可进行重构。

⑦ 结对编程(pair programming)。结对编程是指两名程序员同时在一台计算机上共同开展编程工作。极限编程要求所有程序代码都通过结对编程来完成。这种编程方式有以下几个方面的优点:首先,软件开发过程中的每一项决定都至少由两个人共同完成,对系统的每一部分至少有两个人熟悉,这样可以降低人员流动带来的软件风险;其次,在进行结对编程过程中,操纵键盘的人员着眼于实现细节,而另一个人则可以从全局的角度进行考虑,因而可以有效地分离关注视点,有助于对软件系统的开发进行全面的考虑;再次,结对编程有助于在编码的同时进行代码复审,有助于提高程序代码的质量;最后,参与结对编程的程序员之间相互讨论,可以强化知识共享。

⑧ 代码集体所有(collective ownership)。代码集体所有是指开发小组的任何成员都可以查看并修改任何部分的代码。代码集体所有与传统的做法正好相反,它不是将系统的模块指定给专门的人员,而是要求任何人都有权修改任何模块代码。这样一方面程序员需要对整个软件系统负责,另一方面也促进了软件开发团队对整个系统的了解。代码集体所有与结对编程、编码规范等是相辅相成的,如果没有这些实践的支持而单独采用代码集体所有,将使软件项目陷入混乱。

⑨ 持续集成(continuous integration)。持续集成是指频繁地(一天多次)将代码集成到系统。不要等到所有软件模块完成之后再进行系统的集成,而是应该经常性地进行集成。集成的周期应当尽可能短,可能是几小时或者几天而不是几周或几个月集成一次。早集成、频繁地集成能尽快地发现集成错误,有助于在早期发现项目风险和质量问题。

⑩ 40 小时工作制(40-hour week)。极限编程倡导质量优先,不主张为了追求开发速度而片面延长工作时间,即使程序员自愿,也不提倡加班。所谓每周工作 40 小时并不是一个绝对标准,它是指一个合适的工作时间。极限编程认为尽管加班可能增加产量,但却无法确保工作质量,软件开发应持续性地保持恒定的速度。

⑪ 现场客户(on-site customer)。极限编程要求用户参与开发工作,将用户邀请到公司内部或者开发人员到用户现场;和用户沟通需求时采用场景的方式,使用程序员和用户都能理解的语言将用户的需求一个个描述出来,减少了需求被曲解的风险。

⑫ 编码规范(code standards)。极限编程开发小组中的所有人都遵循一个统一的编程标准,因此,所有的代码看起来好像是一个人写的。因为有了统一的编程规范,每个程序员更加容易读懂其他人写的代码,这是实现代码集体所有的重要前提之一。

综上所述,敏捷软件开发具有轻载灵活、成本低、效率高、见效快和应用广泛等优点。在采用迭代式开发流程中,敏捷软件开发能够将原本为一个整体的开发流程划分为若干独立的、完整的开发阶段,在每进行到一个阶段时,开发者可以结合实际情况随时调整产品,因此相比于使用传统固定的设计模型进行产品开发,它更加灵活,也更加适用于不断变化的现代软件产品;它基本上能够适用于所有的软件产品研发,使用范围广;它坚持以用户需求为中心,因此研发的产品通常更加具有实用性和简洁性;它能够优化整合设计工作与编码工作,大大降低了项目出现错误的概率,并将产品研发的成本降至最低,使设计的软件或系统能够尽快投入实际使用。由此可见敏捷软件开发方法具有极高的应用价值,尤其适合中小软件研发企业或组织的软件过程改进和软件需求比较发散及频繁变动,且复杂性较高时间要求紧的项目。

此外,开发项目不一定要采用一种单一的软件开发过程,可以根据实际需要综合多种软件开发过程,从而提高生产率。例如,Scrum 偏向于过程管理,极限编程面向工程实践,针对如何实施敏捷方法,目前主流的做法是把极限编程与其他过程管理框架结合起来一起应用,通过 Scrum 等先确定软件开发的基本流程和步骤,再通过极限编程中的各项工程实践来具体实现这些流程和步骤。

提示:燃尽图(burndown chart)以图表展示随着时间的减少,工作量的剩余情况,如图 1-9 所示。工作量一般以竖轴表示,时间一般以横轴表示。燃尽图对于预测何时完成工作很有用,经常被用于敏捷软件开发中,如 Scrum。燃尽图也可以用于任何可测量的进度随着时间变化的项目。

图 1-9 燃尽图

- 横轴:显示工作天数。
- 竖轴:显示剩余工作。
- 计划剩余工作曲线:该曲线实际上是一条直线。
- 实际剩余工作曲线:该曲线因受团队实际工作效率的影响而在计划曲线上下浮动。

敏捷开发实践案例——腾讯敏捷产品开发

从 2006 年开始,腾讯的研发规模开始大幅扩大,开发模式急需规范和标准化,之后从 Thoughtworks(思特沃克)公司引进敏捷软件开发,并正式命名为 TAPD(Tencent agile product development)。

腾讯的 TAPD 是吸收了 XP+Scrum+FDD 三者特点的并行迭代开发模式。项目管理过程采取了 Scrum,但也不完全是 Scrum,并且腾讯根据自己的特点总结了一些实践经验,同 Scrum 的过程比较类似,包括每日晨会、迭代、迭代演示评审、回顾总结等;开发实践采纳了 XP 中的某些实践,如编码规范、结对编程、测试驱动和持续集成;产品设计上引入了类似 FDD(feature driven development,特性驱动开发)的模式,面向产品的功能点,这个功能点是从用户角度出发的,并不是从系统角度出发的,功能点的粒度是按开发时间来衡量的(一般不超过两个星期)。

在腾讯的快速迭代过程中,分析、设计、开发、测试和发布不是分阶段开展的,而是边分析边设计,边设计边开发,边开发边测试。

1.6 对计算机辅助软件工程的认知

计算机辅助软件工程(computer aided software engineering,CASE)是计算机技术在软件开发活动、技术和方法中的应用,是软件工具与开发方法的结合体。CASE 的一个基本思想就是通过一系列集成化的软件工具、技术和方法,实现分析、设计与程序开发、维护的自动化,提高软件开发的效率和软件的质量,最终实现软件系统开发的全面自动化。

随着 CASE 的发展,出现了各种各样的 CASE 工具,种类繁多,适应了不同方面的要求。目前,国内大多数软件开发机构仅在部分软件开发过程中应用了一些 CASE 工具,只有少数软件开发机构建立起了集成化的 CASE 工具软件开发环境全程支持软件开发过程。下面对 CASE 工具做简要介绍。

1. 分析建模工具

(1) Visio。Visio 是微软公司办公程序中的流程图绘制软件,是目前国内较流行的 CASE 工具。它提供了日常使用中的绝大多数框图的绘画功能(包括信息领域的各种原理图、设计图),同时提供了部分信息领域的实物图。

(2) SmartDraw。SmartDraw 是专业的图表制作软件。可以用它轻松制作组织机构图、流程图、地图、房间布局图、数学公式、统计表、化学分析图表、解剖图表、界面原型等。附带的图库里包含数百个示例、数千个符号和外形,可直接套用,充分满足制作各类图表的需要。

(3) Rational Rose。Rational Rose 是 Rational 公司出品的一种面向对象的统一建模语言的可视化建模工具,可视化建模和公司级水平软件应用的组件构造。Rational 是专门从事 CASE 工具研制与开发的软件公司。2003 年被 IBM 收购,该公司所研发的 Rational 系列软件是完整的 CASE 集成工具,贯穿于从需求分析到软件维护整个软件生命周期。Rational Rose 可视化开发工具与多种开发环境无缝衔接,目前所支持的开发语言包括 Visual Basic、Java、PowerBuilder、C++、Ada、Smalltalk、Fort 等。Rational Rose 现在已经退出市场,不过仍有一些公司在使用它。之后,IBM 推出了 Rational Software Architect 来替代 Rational Rose。

2. 编码工具

(1) Source Insight。Source Insight 是一个面向项目开发的程序编辑器和代码浏览器,它拥有内置的对 C/C++、C#和 Java 等程序进行分析的机制,能分析源代码并在工作的同时动态维护它自己的符号数据库,并自动显示有用的上下文信息。Source Insight 是目前最好用的语言编辑器,支持几乎所有的语言。

(2) Source Navigator。Source Navigator 是原来 Redhat 开发的一个源代码管理分析工具,它可以在 Windows、Linux 等多种平台下工作。功能类似于 Windows 下的 Source Insight,它可以显示类、方法以及成员之间的关系,对阅读分析源代码尤其有用。它最大的特点是把源代码始终和文件联系在一起,提供到文件的导航。

Source Navigator 支持 C、C++、Java、Tcl、FORTRAN 和 COBOL,并且提供 SDK 给开发者开发自己的语言解析器。

3. 配置管理工具

(1) Visual SourceSafe。Visual SourceSafe 是美国微软公司出品的版本控制系统,简称 VSS。它提供了还原点和并行协作功能,从而使应用程序开发组织能够同时处理软件的多个版本。VSS 提供了基本的认证安全和版本控制机制,包括 CheckIn(入库)、CheckOut(出库)、Branch(分支)、Label(标识)等功能,能够对文本、二进制、图形图像几乎任何类型的文件进行控制,提供历史版本对比。

(2) PVCS。PVCS 包含多种工具。PVCS 系列软件是 Merant 公司出品实现配置管理的 CASE 工具,可以为配置管理提供良好的自动化支持。其中 PVCS Version Manager 是用来实现文件的版本管理的,它是整个套件的核心。PVCS Version Manager 会完整、详细地记录开发过程中出现的变更和修改,并使修订版本自动升级;PVCS Tracker、PVCS Notify 会自动地对上述变更和修改进行追踪;PVCS Requisite Pro 提供了一个独特的 Microsoft Word 界面和需求数据库,从而可以使开发机构实时、直观地对来自最终用户的项目需求及需求变更进行追踪和管理,可有效地避免重复开发,保证开发项目按期、按质、按原有的资金预算交付用户。

(3) ClearCase。ClearCase 是 Rational 公司开发的配置管理工具,类似于 VSS、CVS 的作用,但是功能比 VSS、CVS 强大得多,是目前世界上最强大的配置管理工具之一。它可以与 Windows 资源管理器集成使用,并且还可以与很多开发工具集成在一起使用,但是都得通过命令行的形式来操作,对配置管理员的要求比较高,不便使用。

4. 数据库建模工具

(1) ERWin。ERWin 是 CA 公司出品的强大的数据建模工具,支持各主流数据库系统。ERWin 界面简洁漂亮。ERWin 支持信息建模,适合中小型数据库设计,不适合非常大的数据库的设计,因为它对 Diagram 欠缺更多层次的组织,对内存要求较高。

(2) Power Designer。Power Designer 是 Sybase 公司的 CASE 工具集,可以用来方便地对管理信息系统进行分析设计。它几乎包括了数据库模型设计的全过程。利用 Power Designer 可以制作数据流图、概念数据模型、物理数据模型,还可以为数据仓库制作结构模型,也能对团队设计模型进行控制。它可以与许多流行的软件开发工具,如 PowerBuilder、Delphi、VB 等相配合,使开发时间缩短和系统设计更优化。

5. 测试工具

测试工具见本书新闻发布系统软件测试部分。

1.7 习　　题

1. 简答题

(1) 什么是软件?软件和程序有哪些区别?
(2) 什么是软件危机?软件危机的主要表现是什么?如何解决软件危机?
(3) 什么是软件工程?简述软件工程的发展历程。
(4) 软件工程的发展目标有哪些?软件工程的基本原则有哪些?
(5) 什么是软件工程过程?
(6) 什么是软件生命周期?
(7) 比较典型的软件开发过程模型的特点。

2. 填空题

(1) 软件生产的发展经历了_____、_____、_____和_____四个时期。
(2) 根据软件的功能将软件划分为_____和_____两大类。
(3) 按照软件权益进行分类,软件可分为_____、_____和_____三大类。
(4) 根据软件的规模可将软件分为_____、_____、_____、_____、_____和_____六类。
(5) 软件工程方法学有_____和_____。
(6) _____模型的关键在于快速地建造出软件原型。
(7) _____模型强调风险分析,特别适合于大型复杂的软件项目开发。
(8) _____是基于软件生命周期的模型,是传统软件工程的基础模型。
(9) 在_____模型中,把软件产品作为一系列的增量构件来设计、实现、集成和测试。

（10）_____是以对象为驱动的模型，主要用于描述面向对象的软件开发过程。

3. 操作题

（1）收集软件工程常用工具的资料，自学常用工具的使用方法。

（2）组建项目组。5人左右为一组，根据各人的性格、特长，合理分工，分别担任组长、技术员、分析员、编程员、文档资料员和测试员等不同角色。

（3）每个小组初步确定与课程同步的实训项目。

任务2 认识统一建模语言

- 能力目标
  - 能够读懂 UML 模型图。
  - 能够掌握 UML 各种图的绘制方法。
  - 能够分析并绘制简单的 UML 模型。
- 知识目标
  - 掌握 UML 的表示法和建模方法。
  - 掌握 UML 中的视图和图。
  - 理解静态建模和动态建模方法及其作用。
  - 了解 RUP 的概念和分析设计方法。

任 务 导 入

统一建模语言(unified modeling language,UML)是由信息系统(information system,IS)和面向对象领域三位著名的方法学家 Grady Booch、James Rumbaugh 和 Ivar Jacobson 提出的,由对象管理组织(object management group,OMG)采纳为业界标准。它是一个支持模型化和软件系统开发的图形化语言,为软件开发的所有阶段提供模型化和可视化支持,从需求分析到规划,再到构造和配置。

UML 不仅统一了 Booch、Rumbaugh 和 Jacobson 的表示方法,还对其做了进一步的改进,并最终统一为大众所接受的标准建模语言。UML 取代目前软件业众多的分析和设计方法(Booch、Coad、Jacobson、Wirfs-Brock 等)成为一种标准,使软件界第一次有了一个统一的建模语言。

UML 是一种定义良好、易于表达、功能强大且普遍适用的建模语言。它融入了软件工程领域的新思想、新方法和新技术,作用域不仅支持面向对象的分析与设计,还支持从需求分析开始的软件开发的全过程。

任 务 清 单

(1) 初识 UML。
(2) UML 的表示方法。
(3) UML 静态模型。
(4) UML 动态模型。

2.1　初识 UML

2.1.1　UML 简介

UML 为面向对象软件设计提供统一的、标准的、可视化的建模语言,适用于描述以用例为驱动,以体系结构为中心的软件设计的全过程。

UML 不是一个独立的软件工程方法,UML 只是一种标准的系统分析和设计的语言,用于系统的建模。

UML 不是程序设计语言,不能用来直接书写程序、实现系统的功能。UML 所建立的系统模型(逻辑模型和实现模型)必须转换为某个程序设计语言的源代码程序,然后经过该语言的编译系统才能生成可执行的软件系统。

1. UML 的定义

UML 的定义包括 UML 语义和 UML 表示法两个部分。

(1) UML 语义。UML 语义给出了基于 UML 精确的元模型定义。元模型为 UML 的所有元素在语法和语义上提供了简单、一致和通用的定义性说明,使开发者能在语义上取得一致,消除了因人而异的表达方法所造成的影响。此外,UML 还支持对元模型的扩展定义。

(2) UML 表示法。UML 表示法定义了 UML 符号的表示法,为开发者或开发工具使用这些图形符号和文本语法为系统建模提供了标准。这些图形符号和文字所表达的是应用级的模型,在语义上它是 UML 元模型的实例。

2. UML 模型图的构成

(1) 事物(things)。UML 模型中最基本的构成元素,是具有代表性的成分的抽象。
(2) 关系(relationships)。关系把事物紧密地联系在一起。
(3) 图(diagrams)。图是事物和关系的可视化表示。

2.1.2　UML 发展简史

20 世纪 70 年代面向对象技术出现以后,出现了多种面向对象的软件工程方法,比较流行的有 Booch、Rumbaugh(OMT)、Jacobson(OOSE)、Coad-Yourdon、Fusion、Shlaer-Mellor、Berard、Firesmith、Martin-Odell、Seidewitz-Stark、Wirf-Brock 等,它们各有长处,也各有缺陷。

1994—1996 年软件工程学家 Grady Booch、James Rumbaugh 和 Ivar Jacobson 先后齐集于 Rational 公司,携手合作,以各自原创的方法为基础,并汲取其他方法的长处,共同提出了新的面向对象的分析与设计语言——统一建模语言(UML)。

1997年1月Rational公司向美国工业标准化组织OMG递交了UML 1.0标准文本。1997年11月OMG宣布接受UML,并正式颁布了UML 1.1作为官方的标准文本。此后,在OMG组织下,由十几家公司组成的UML成员协会对UML版本不断进行修订和改进,相继推出了UML 1.3、UML 1.4、UML 1.5和UML 2.0等。目前,UML的最新版本是2017年12月发布的UML 2.5.1。

UML已经成为被工业界以及学术界广泛接受的标准建模语言,并成功应用于工业界的项目开发。

提示:UML建模的过程是开发面向对象设计方法的第一步,它的标记起源并统一于三种面向对象设计和分析方法的标记。以下是三个代表人物。

- Grady Booch:面向对象方法最早的倡导者之一,他提出了面向对象软件工程的概念,以及描述对象集合和它们之间关系的方法。
- James Rumbaugh:提出了面向对象的建模技术(OMT,一种软件开发方法)方法,采用了面向对象的概念,并引入各种独立于语言的表示符。这种方法用对象模型、动态模型、功能模型和用例模型,共同完成对整个系统的建模,所定义的概念和符号可用于软件开发的分析、设计和实现的全过程,软件开发人员不必在开发过程的不同阶段进行概念和符号的转换。
- Ivar Jacobson:创立了OOSE方法,其最大特点是面向用例(use-case),并在用例的描述中引入了外部角色的概念。用例的概念是精确描述需求的重要武器,用例贯穿于整个开发过程,包括对系统的测试和验证。OOSE比较适合支持商业工程和需求分析。

2.1.3 UML的特点和用途

1. UML的特点

(1)统一标准。UML统一了各种方法对不同类型的系统、不同开发阶段以及不同内部概念的不同观点,从而有效地消除了各种建模语言之间不必要的差异。作为一种通用的建模语言,已被许多面向对象建模方法的用户广泛使用。UML可以贯穿于软件开发周期中的每一个阶段。

(2)面向对象。UML支持面向对象技术,提供了若干基本模型元素的表示图形和方法,能够清晰地表达面向对象的思想与概念。

(3)可视化且表示能力强大。UML建模能力比其他面向对象建模方法更强大。它不仅适合于一般系统的开发,对并行、分布式系统的建模更为适用。UML最适于数据建模、业务建模、对象建模、组件建模。

(4)独立于开发过程。UML作为一种模型语言,它使开发人员专注于建立产品的模型和结构,而不是选用什么程序语言和算法实现。当模型建立之后,模型可以被UML工具转化成指定的程序语言代码。UML是一种建模语言,而不是一个开发过程。

(5) 概念明确,建模表示法简洁,图形结构清晰,容易掌握使用。

2. UML 的用途

UML 适用于以面向对象技术描述的任何类型的系统,而且适用于系统开发的全过程,从需求规格描述直至系统完成后的测试和维护。

(1) 建立软件系统模型。UML 的目标是以面向对象图的方式来描述任何类型的系统,具有很大的应用领域。其中最常用的是建立软件系统的模型。UML 也可用于描述非软件领域的系统,如机械系统、企业机构或业务过程,以及处理复杂数据的信息系统、具有实时要求的工业系统或工业过程等。

模型是现实系统的简化,它是抓住现实系统的主要方面而忽略次要方面的一种抽象。因此,模型既反映了现实系统,又不等同于现实系统。模型是理解、分析、开发或改造现实系统的常用手段。模型和现实系统之间的关系如图 2-1 所示。

为了建立复杂的系统,软件开发人员必须先抽象出不同的视图,并用精确的表示法来建立模型,最后在模型转换为实现的过程中逐渐添加细节。如图 2-2 所示,表示法、过程和工具是成功建模的三大要素,三者缺一不可。

图 2-1 模型和现实系统之间的关系

图 2-2 成功建模的三大要素

UML 是一种通用的标准建模语言,可以对任何具有静态结构和动态行为的系统进行建模。

(2) 系统开发过程中,从需求规格描述到系统完成后测试的不同阶段。在需求分析阶段,可以用用例来捕获用户需求。通过用例建模,描述对系统感兴趣的外部角色及其对系统(用例)的功能要求。在分析阶段,主要关心问题域中的主要概念(如抽象、类和对象等)和机制,需要识别这些类以及它们相互之间的关系,并用 UML 类图来描述。为实现用例,类之间需要协作,这可以用 UML 动态模型来描述。在分析阶段,只对问题域的对象(现实世界的概念)建模,而不考虑定义软件系统中技术细节的类(如处理用户接口、数据库、通信和并行性等问题的类)。这些技术细节将在设计阶段引入,因此设计阶段为构造阶段提供更详细的规格说明。

编程(构造)是一个独立的阶段,其任务是用面向对象编程语言将来自设计阶段的类转换成实际的代码。在用 UML 建立分析和设计模型时,应尽量避免把模型转换成某种特定的编程语言。因为在早期阶段,模型仅仅是理解和分析系统结构的工具,过早考虑编码问题不利于建立简单正确的模型。

(3) 作为测试和维护阶段的依据。系统通常需要经过单元测试、集成测试、系统测试和验收测试。不同的测试小组使用不同的 UML 图作为测试依据。

2.2 UML 的表示方法

UML 由视图（view）、图（diagram）、模型元素（model element）和通用机制（general mechanism）等几部分组成。

2.2.1 UML 视图

UML 视图与 UML 图

为了完整地描述一个系统，往往需要描述该系统的许多方面。用视图可以表示被建模系统的各个方面，也就是说，从不同目的出发可以为系统建立多个模型，这些模型都描述同一个系统，只是描述的角度不同，它们之间具有一致性。

UML 的五大视图如下。

（1）用例视图（use case view）。用例视图描述系统应具备的功能，也就是外部用户所能观察到的功能。用例视图是由用例图组成的，是主要的需求模型，用例视图是其他视图的核心，它的内容直接驱动其他视图的开发。

（2）逻辑视图（logical view）。逻辑视图描述系统的设计特性，包括静态结构和动态行为等。系统的静态结构在类图和对象图中进行描述，而动态行为则在状态图、顺序图、协作图以及活动图中进行描述。

（3）过程视图（process view）。过程视图描述系统的内部控制机制。过程视图由状态图、协作图以及活动图组成。

（4）实现视图（implementation view）。实现视图描述软件系统实现的不同方面。例如，源代码结构、运行时的实现结构、软件发行的配置管理。可用组件图来表示系统的实现视图。

（5）配置视图（deployment view）。配置视图描述系统的物理配置特性及节点结构，用配置图表示。

在建立一个系统模型时，上述的视图和图可根据需要采用。

2.2.2 UML 图

图是用来表达一个视图的内容的，通常，一个视图由多个图组成。

UML 定义的图有以下五类。

（1）用例图。

（2）静态图（包括类图、对象图和包图）。

（3）行为图（包括状态图和活动图）。

（4）交互图（包括顺序图和协作图）。

(5) 实现图(包括组件图和配置图)。

上述 UML 图加上支持说明文档组成系统模型。

提示：UML 中的图和视图的区别是视图由多个图构成，从不同的角度或目的描述系统；图由各种图片(模型元素符号)构成，用来描述视图的一个内容。

2.2.3 UML 模型元素

UML 中的模型元素包括事物和事物之间的联系。事物是 UML 中重要的组成部分，它代表任何可定义的东西。事物之间的关系能够把事物联系在一起，组成有意义的结构模型。每个模型元素都有一个与之相对应的图形元素。

1. UML 中的事物

UML 中的事物可以分为结构事物、动作事物、组织事物和注释事物。

(1) 结构事物。结构事物分为类、接口、协作、用例、活动类、构件和节点。

① 类。类是对具有相同属性、方法、关系和语义的对象的抽象。类用包括类名、属性和方法的矩形表示。

② 接口。接口是指类或组件所提供的、可以完成特定功能的一组操作的集合。接口通常用一个圆形表示。

③ 协作。协作是指描述了一组事物间的相互作用的集合。协作用虚线构成的椭圆表示。

④ 用例。用例代表一个系统或系统的一部分行为，是一组动作序列的集合。用例用标注了用例名称的实线椭圆表示。

⑤ 活动类。活动类是类对象有一个或多个进程或线程的类。在 UML 中活动类的表示法和类相同，只是边框用粗线条。

⑥ 构件。构件也称组件，是物理上可替换的、实现了一个或多个接口的系统元素。

⑦ 节点。节点是一个物理元素，它在运行时存在，代表一个可计算的资源，如一台数据库服务器。

(2) 动作事物。UML 中动作事物是 UML 模型中的动态部分，它们是模型的动词，代表时间和空间上的动作。

交互和状态机是 UML 模型中最基本的两个动态事物元素。

① 交互。交互是一组对象在特定上下文中，为达到某种特定的目的而进行的一系列消息交换组成的动作。在交互中组成动作的对象的每个操作都要详细列出，包括消息、动作次数(消息产生的动作)、连接(对象之间的连接)。

② 状态机。状态机由一系列对象的状态组成。

(3) 组织事物。组织事物也称分组事物，在 UML 模型中只有一种，称为包。包是一种有组织地将一系列元素分组的机制。包与组件的最大区别在于，包纯粹是一种概念上的东西，仅存在于开发阶段结束之前，而组件是一种物理的元素，存在于运行时。

（4）注释事物。注释事物是 UML 模型的解释部分,用来对模型中的元素进行说明、解释。在 UML 图中,一般表示为折起一角的矩形,如图 2-3 中的笔记。

图 2-3 UML 中基本事物的图形表示

UML 中基本事物的图形表示如图 2-3 所示。

2. UML 语言中的关系

UML 语言中事物与事物之间常见的关系有关联关系、依赖关系、泛化关系和实现关系四种,如图 2-4 所示。

图 2-4 事物之间的关系

下面对以上四种关系进行简要说明和汇总,见表 2-1。

表 2-1 UML 事物之间的关系

关系	含 义
关联关系	一种结构关系,它指明一个事物的对象与另一个事物的对象之间的联系
依赖关系	两个事物之间的语义关系,其中一个事物的改变会影响到另一个事物(依赖事物)的语义
泛化关系	一般与特殊的关系,也可以看作继承关系
实现关系	分类器(指类、接口、数据类型、组件等)之间的一种关系,其中一个分类器指定了另一个分类器保证执行的契约

3. 语义规则

UML 定义了一系列的语义规则,用于建立良构模型(well-formed model)。所谓良构模型,是指本身在语义上是一致的,且与其他相关的模型协调的模型。

UML 对于每一个模型元素规定了以下语义规则。

(1) 命名(name)。UML 中的每个元素都应该有一个清晰且有意义的名称,以便于理解和交流。

(2) 范围(scope)。名称的使用应当受限于特定的上下文,以避免混淆和产生歧义。

(3) 可视性(visibility)。可视性规则规定怎样使一个名字能为外部识别和使用。UML 规定了三种可视性层次:public(公共)、protected(保护)和 private(私用)。可视性分别用符号"＋""♯""－"表示。

(4) 完整性(integrity)。完整性规则规定事物相互之间是什么关系才是合适的、一致的。

(5) 可执行性(execution)。可执行性规则规定运行或模拟一个动态模型意味着什么。

2.2.4 UML 通用机制

UML 语言利用通用机制为图附加一些额外的信息。UML 规定了语言的四种通用机制。

1. 说明

UML 的说明用来描述系统的细节。UML 不仅是一种图形语言,其每个图形表示法都有一个说明,提供了对构造块的语法和语义上的文字叙述。

2. 修饰

UML 元素有唯一的直接图形表示法,表达该元素最重要的特征。此外,还可以对该元素加上各种装饰,说明其他方面的性质、细节、特征,如可视性标记等。

3. 通用划分

UML 语言对其模型元素规定了两种类型的通用划分:类—对象二分法和接口—实现二分法。

(1) 类—对象二分法。描述一个通用描述符与单个元素之间的对应关系,如用例和用例实例(场景)、构件和构件实例、节点和节点实例等。实例元素名字带有下划线,而且后面还要加上冒号和通用描述符的名字。

(2) 接口—实现二分法。接口声明了一个规定了服务的约定,接口的实现负责执行接口的全部语义定义,并实现该项服务。

4. 扩展机制

随着 UML 被 OMG 正式采纳,软件领域的建模者纷纷将这种语言应用到不同的问题域,很多问题域已经远远超出了 UML 建模语言本身所能描述的范围。因此,UML 提供了约束(constraints)、构造型(stereotypes)和标记值(tagged values)三种扩展机制,允许建模者在不改变基本建模语言的情况下做一些通用的扩展,对 UML 建模元素的语法和语义进行扩充,使得 UML 能够更好地满足建模需求。

(1) 约束。约束是指使用花括号({})中的文本字符串表示的、施加在必须为 true 的某个建模元素上的某些条件或规则。约束是一种限制,这种限制限定了该模型元素的用法或语义。在 UML 中有预定义的标准约束,也允许用户自定义约束。约束几乎可以出现在所有的 UML 图中。约束的表现形式为:{约束的内容}。

例如,java.util 包是 Java 编程语言中常用的包之一,它包含了许多与数据结构、日期时间、随机数、集合框架等相关的类和接口。在建模时,为了标识该包中的所有公共内容随处可见,可用约束{global}进行标记,如图 2-5 所示。

(2) 构造型。在 UML 中,构造型用于给模型元素添加额外的含义。换句话说,它是一种标签,用于更具体地描述一个元素的角色或职责。可以将其看作一个元数据标签,它为元素提供了额外的"类型"信息。UML 中预定义了 40 多种模型元素的标准构造型,和约束一样,用户也可以自定义构造型。

构造型通常应用于类、类型、关系、节点、组件和操作。构造型默认的表示方法是用尖括号(≪≫)把构造型名称括起来,然后放在表示基本模型元素的符号的里边或旁边,如图 2-6 所示。

图 2-5 约束表示图　　　　　　图 2-6 带构造型的类和组件图

类有以下三种主要的构造型。

① 边界类。边界类位于系统与外界的交界处,窗体、报表,以及表示通信协议的类、直接与外部设备交互的类、直接与外部系统交互的类等都是边界类。其构造型为≪boundary≫。

② 实体类。实体类是表示目标软件系统中具有持久意义的信息项及其操作的类。实体类保存要放进持久存储体的信息。持久存储体就是数据库、文件等可以永久存储数据的介质。实体类主要来源于领域模型,在用例描述中也有,可以通过事件流和交互图发现。通常每个实体类在数据库中有相应的表,实体类中的属性对应数据库表中的字段。其构造型为≪entity≫。

③ 控制类。控制类是在边界类和实体类中间起协调作用的类,它负责从边界类对象获取信息,然后发送到适当的实体类对象,就像是域层和可视层之间的一个开关或控制器。一般而言,一个用例通常对应一个控制类,一个控制类应该只与一个参与者相关联,协调边界类和实体类之间的消息及消息发送顺序。控制类也可以在多个用例间共用。其构造型为≪control≫。

构造型还可以使用图形符号(图标)表示。边界类、实体类和控制类的构造型图标如

图 2-7 所示。

（3）标记值。标记值提供了一种扩展模型元素规范的方法，允许我们向模型元素添加新的、特别的信息。UML 预定义了一些标记值，也允许用户自定义标记值。

使用标记值的目的是赋予某个模型元素新的特性，而这个特性不包括在元模型预定义的特性中。标记值不能和已有的元模型的定义相抵触或改变它们的定义，而只能添加定义。

标记值的最常见用法之一是指定与代码生成或配置管理相关的属性。例如，可以使用标记值来指定映射特定类的编程语言，或者使用它来表示组件的作者和版本。例如，{version=1.0,author=Tom}。

标记值用花括号（{}）括起来的字符串表示，字符串由标记名、等号和值构成，一般表现形式为：{标记名 1=值 1,标记名 2=值 2,…,标记名 N=值 N}。标记值放在模型元素的名称下面，如图 2-8 所示。

图 2-7　边界类、实体类和控制类的构造型图标　　　图 2-8　标记值表示位置

2.3　UML 静态建模

UML 从考虑系统的不同角度出发，定义了用例图、类图、对象图、组件图、配置图用于 UML 静态建模，还定义了状态图、活动图、顺序图、协作图用于 UML 动态建模，合计 9 种图，这些图从不同的侧面对系统进行描述，如图 2-9 所示。

2.3.1　用例图

用例图由参与者（actor）、用例（use case）以及它们之间的关系构成，是一种用于描述系统功能的视图。用例图是从用户角度描述系统功能，是用户所能观察到的系统功能的模型图，用例是系统中的一个功能单元。用例图可视化地表达了系统的需求，具有直观、规范等优点，克服了纯文字性说明的不足，能帮助开发人员可视化地了解系统的功能和边界。借助用例图，系统用户、系统分析人员、系统设计人员、领域专家能够以可视化的方式对系统的功能需求等问题进行探讨，减少了大量交流上的障碍，便于对问题达成共识。

用例图是使用 UML 设计新系统的起点。构建用例模型是通过开发者与用户对需求规格的说明达成共识，明确系统的基本功能和边界，为后续的工作打下基础。

在 UML 中，一个用例模型由若干个用例图描述，用例图的主要元素是用例和参与者。

图 2-9 UML 的 9 种图

1. 用例图的构成元素

在用例图中包含四种元素：参与者、用例及其之间的相互关系和系统边界。其中，参与者和用例相互之间的关系包括参与者与参与者之间的关系、参与者与用例之间的关系和用例与用例之间的关系。这些关系归纳起来有四种类型，分别是关联关系（association）、包含关系（include）、扩展关系（extend）和泛化关系（generalization）。

（1）系统边界。系统边界（system border）是指一个系统的所有系统元素与系统以外的事物的分界线。当我们要构建一个系统时，需要做的第一件事是决定系统的边界在哪里。换句话说，就是需要定义什么是系统的一部分（在系统边界内），什么是系统的外部（在系统边界之外）。系统边界的确定通常对功能和非功能需求有巨大的影响，不完整和不明确的需求可能是项目失败的主要原因。

系统边界由系统使用者（即参与者）以及系统提供的功能（即用例）来确定。当找到系统的参与者和用例时，系统边界就会变得越来越清晰。系统边界一般使用矩形框表示，并标记上系统名称，参与者绘制在边界外，用例绘制在边界内。

（2）参与者。参与者是在系统外部与系统直接交互的人或事物。例如，一个软件系统的系统管理员、数据库管理员、普通用户以及触发数据库定期自动备份的时间都是该系统的参与者。

参与者是角色（role）而不是具体的人，它代表了参与者在与系统打交道的过程中所扮演的角色。在系统的实际运作中，一个实际用户可能对应系统的多个参与者。例如，超市的销售员，在销售商品时充当的是销售员的角色；在他自己购买商品时，充当的又是客户的角色。同样，不同的多个用户也可以只对应于一个参与者，从而代表同一个参与者的不同实例。例如,在一个选课系统中,所有参加选课的学生都对应一个参与者"学生",每个学生都是参与者"学生"的不同实例。

参与者是由系统的边界所决定的。例如,在银行系统中,如果我们所要定义的系统边界仅限于 ATM 机本身,那么后台服务器就是一个外部的系统,可以抽象为一个参与者;如果我们把所要定义的系统边界扩大至整个银行系统,则 ATM 机和后台服务器都是整个银行系统的一部分,这时候后台服务器就不能再被抽象成为一个参与者。

参与者的表示形式有三种,如图 2-10 所示。许多建模者更喜欢使用人形图标来代表可能由人扮演的角色,用盒子形式来代表可能由其他系统扮演的角色。

(a) 图标(icon)形式　　(b) 标签(label)形式　　(c) 装饰(decoration)形式

图 2-10　参与者表示形式

(3) 用例。用例是用户希望系统具备的动作,即系统功能。识别用例最好的方法是从分析系统的参与者开始,分析每个参与者是如何使用系统的。

在一个用例图中可以包含多个用例,每个用例都有唯一的名称和描述。用例名称可以是带有数字、字母和除保留符号(如冒号)以外的任何符号的任意字符串。为了易于理解和记忆,增强用例的可读性,从而有助于开发人员更加准确地实现用例的功能,用例名称的命名规则应该遵循以下几个原则。

① 见名知意。用例名称应该与用例的内容相关,能够准确地表达用例的功能和目的。

② 简洁明了。用例名称应该尽可能简洁明了,避免使用过于复杂的词汇和术语。

③ 使用动宾结构。用例名称应该尽可能使用一致的动宾结构,如"登录系统""查询余额"等。

在识别用例时要注意用例的粒度。用例的粒度指的是用例所包含的系统服务或功能单元的多少。用例的粒度越大,用例包含的功能越多,反之则包含的功能越少。如果用例的粒度很小,得到的用例数就会太多;反之,如果用例的粒度很大,那么得到的用例数就会很少。如果用例数目过多,会造成用例模型过大和引入设计困难加大,如果用例数目过少,则不便于进一步地充分分析。

大粒度用例描述了系统的整体功能和主要业务流程,通常用于对系统进行高级别的需求分析和规划,帮助理解系统的总体结构和业务流程。大粒度用例可以作为系统的功能模块,进一步细化为更具体的小粒度用例。小粒度用例描述了系统的具体功能和详细业务流程,系统的具体操作和交互细节通常用于对系统进行详细的需求分析和设计。例如,网站后台管理系统中的"维护会员信息"用例,管理员在执行此用例时需要进行添加会员信息、修改会员信息、删除会员信息等操作,因此,"维护会员信息"用例可以细化为"添加会员信息"用例、"修改会员信息"用例和"删除会员信息"用例等。

在 UML 中,用例用一个椭圆来表示,用例名称可以书写在椭圆的内部或下方。

（4）关联关系。在用例图中,关联关系是指参与者与用例之间的关系。表示参与者与用例之间的交互、通信途径。关联关系用一条连接参与者和用例的实线来表示,也可以用带箭头的实线来表示,箭头指向用例,这样表示能够显示地表明发起用例的是参与者,如图 2-11 所示。

图 2-11　关联关系

（5）包含关系。在用例图中,包含关系是指用例之间的关系,其中一个用例（基础用例）的行为包含了另一个用例（被包含用例）的行为。包含关系用一条带箭头的虚线和≪include≫表示,箭头由基础用例指向被包含的用例。例如,"管理图书信息"用例包含了"添加图书信息"用例、"查询图书信息"用例、"修改图书信息"用例和"删除图书信息"用例,如图 2-12 所示。

图 2-12　包含关系

（6）扩展关系。在一个用例中增加一些新的动作,则构成了另一个用例,这两个用例之间的关系称为扩展关系。新构成的用例称为扩展用例,被扩展的用例称为基础用例,扩展用例是在特定条件出现时,才会被执行的用例,即使没有扩展用例的参与,基础用例也可以完成一个完整的功能。扩展关系用一条带箭头的虚线和≪extend≫表示,箭头由扩展用例指向基础用例。例如,读者归还图书时,如果损毁或丢失图书,则需缴纳罚款,那么"归还图书"是基础用例,"缴纳罚款"是扩展用例；当学生通过成绩管理系统查询成绩时,"查询成绩"是基础用例,"导出查询结果"是扩展用例,如图 2-13 所示。

图 2-13　扩展关系

(7) 泛化关系。在用例图中,使用泛化关系来表示一般和特殊的关系。泛化关系既可以存在于用例之间也可以存在于参与者之间。发出箭头的一方代表特殊的一方,箭头指向的一方代表一般的一方,特殊方继承了一般方的特性并增加了新的特性。例如,"普通客户"和"VIP 客户"抽象为"客户",是参与者之间的泛化;"微信登录"用例和"账号登录"用例抽象为"登录系统",是用例之间的泛化,如图 2-14 所示。

图 2-14 泛化关系

2. 用例图实例

例如,在某教学信息管理系统中,系统管理员可直接执行的用例有"登录""找回密码""维护班级信息""维护课程信息"和"维护用户信息",教师可直接执行的用例有"登录""找回密码""查看课表""导出课表""录入成绩""提交成绩""查询成绩"和"导出查询结果",学生直接执行的用例有"登录""找回密码""选课""查看选课结果""查询成绩"和"导出查询结果"。其中,"找回密码""导出试卷分析"和"导出查询结果"分别是"登录""录入成绩"和"查询成绩"的扩展用例,"提交成绩"是"录入成绩"的包含用例,如图 2-15 所示。

图 2-15 用例图

2.3.2 类图

类图是描述类、接口及它们之间关系的图。类图显示系统中各个类的静态结构,它描述的是一种静态关系,在系统的整个生命期中都是有效的。

类图是面向对象系统建模中最常用的图,是定义其他图的基础。在类图的基础上,可以使用状态图、协作图、组件图和配置图等进一步描述系统其他方面的特性。

系统可有多个类图,单个类图仅表达了系统的一个方面。一般在高层给出类的主要职责,在低层给出类的属性和操作。

1. 类

类(class)是构成类图的基础,也是面向对象系统组织结构的核心。类包括名称(name)、属性(attribute)和操作(operation)三个组成部分。其中,操作也可称为服务或方法。类图的表示方法如图 2-16 所示。

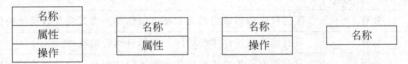

图 2-16 类图的表示方法

(1)类的名称。为类命名时应该尽量使用应用领域中的标准术语,它的含义应该明确、无歧义,以利于开发人员与用户之间的相互理解和交流。通常,用名词作为类的名字,首字母使用大写。例如,Student 类中的首字母 S 应该使用大写。

(2)类的属性。类的属性描述该类对象的共同特性。类可以有任意数目的属性,也可以没有属性。属性的选取应符合系统建模的目的,系统需要的特性才作为类的属性。

在 UML 中,类属性的语法如下:

[可见性] 属性名 [:类型][=初值][{属性字符串}]

其中,中括号中的内容表示是可选项。

类属性的可见性即可访问性。可见性描述了该属性对其他类是否可见,以及是否可以被其他类引用。类属性的可见性通常分成三种类型:公有(public)、受保护(protected)和私有(private),分别用加号(+)、井号(#)和减号(-)表示。

每个属性都必须有一个名字以区别于类中的其他属性。属性名由描述所属类的特性的名词或名词短语组成。习惯上,属性名使用小写,但是,如果属性名由多个单词组成,则从第二个单词开始的其他单词的首字母大写。

属性字符串是用户对该属性性质的一个约束说明。例如,{只读}说明该属性的值不能被修改。

(3) 类的操作。类的操作可用于修改、检索类的属性或执行某些动作。一个类可以有任意数量的操作或者根本没有操作。通常操作名首字母用小写,但是,如果操作名由多个单词组成,则从第二个单词开始的其他单词的首字母用大写。例如 create( )和 getName()。

在 UML 中,类操作的语法如下:

[可见性]操作名 [(参数列表)] [: 返回类型] [{属性字符串}]

类操作的可见性通常有四种类型:公有(public)、受保护(protected)、私有(private)和包内公有(package),分别用加号(+)、井号(♯)、减号(—)和波浪线(~)表示。

类操作的属性字符串是在操作的定义中加入一些除了预定义元素外的信息。例如,{query}说明该操作不会修改系统的状态,{update}说明该操作会修改系统的状态。

类中属性和操作的可见性装饰说明见表 2-2。

表 2-2 可见性装饰说明

可见性装饰	可见性名称	含 义
+	公有	任何可以访问该类的元素都可以访问该类具有公有属性的任何特性
—	私有	只有类内的操作才能访问具有私有属性的特性
♯	受保护	只有类内或类的子类内的操作才能访问具有保护属性的特性
~	包内公有	包内公有的操作可以被其所在包的对象访问

除公共可见性外,其他所有类型的可见性都依赖于实现语言。不同的语言可能会定义 UML 不支持的其他可见性类型。

2. 抽象类和接口

包含抽象操作的类称为抽象类。抽象操作是指在声明该操作的类中没有该操作的代码实现。抽象类一般至少包含一个抽象操作。

抽象类是一种特殊的不能够被直接实例化的类,也就是说,不能够创建一个属于抽象类的对象。抽象类只能被子类继承,所有的抽象类都应该是基类。如果一个类继承了抽象类,该类要么必须实现抽象类中的所有抽象操作(称为具体类),要么该类必须声明为抽象类。在 UML 中,抽象类也用矩形框表示,但是类名以及抽象操作都用斜体字表示,非抽象操作不用斜体字表示,如图 2-17 所示。

图 2-17 抽象类图

接口(interface)是指类或组件提供的、可以完成特定功能的一组操作的集合。接口通常只包含操作不包含属性,只有操作的声明而没有操作的代码实现(抽象操作)。接口不能实例化为对象。

一个类可以实现一个或多个接口。类实现接口时,必须实现接口中声明的所有操作。如果类实现了接口,但未实现该接口中的所有操作,那么此类必须声明为抽象类。

接口是对行为的一种抽象,相当于一组协议或者契约,调用者只关注抽象的接口,不需要了解具体的实现,具体的实现代码对调用者透明。使用接口可以很好地将类所需要的行为与该行为如何被实现完全分开,降低代码间的耦合性,提高代码的可扩展性。在进行系统建模时,接口起着十分重要的作用,因为模型元素之间的协作是通过接口进行的。

在 UML 中,接口有两种表示方法:一种是用由上下两部分构成的矩形框表示,把 ≪interface≫ 和接口名称放在上层,操作放在下层;另一种是用一个带有名称的小圆圈表示,在小圆圈附近写上该接口的名称。接口名称首字母通常使用大写,表示方法如图 2-18 所示。

图 2-18 接口表示方法

接口与抽象类的区别主要有三个方面:一般接口不含有属性,抽象类可以含有属性;接口中声明的操作都没有实现部分,而抽象类中的具体操作可以有具体实现;使用接口比使用抽象类安全,可以避免许多因为多继承产生的问题。

3. 类图中的关系

类图中的关系有关联关系(association)、依赖关系(dependency)、泛化关系(generalization)、实现关系(realization)、聚合关系(aggregation)和组合关系(composition)六种。下面将进行逐一介绍。

(1) 关联关系。关联关系是指类与类之间的关系。在 UML 中,关联关系用一条实线表示。为了使关联关系更明确和更好理解,在关联线上可以标注联系名(association name)、联系双方的角色名(role name)、多重性(multiplicity)标记和导航性(navigability)。

关联的导航性表示该关联在某方向被使用。根据导航性可以将关联关系分为单向关联、双向关联和自身关联(递归)。只在一个方向上存在的关联,称作单向关联,单向关联用带箭头的实线表示。例如,顾客(Customer 类)拥有地址(Address 类),则 Customer 类与 Address 类具有单向关联关系。在两个方向上都存在的关联称作双向关联,双向关联用不带箭头的实线表示。常见的关联都是双向关联。当一个事物可能与它自己发生联系时,这样的关联被称为自身关联。例如,当一个类的对象可以充当多种角色时,自身关联就可能发生。

关联的多重性是指某个事物(例如类)有多少个对象可以和另一个事物(例如类)的单个对象关联。表示多重性的方法是在参与关联的事物附近的关联线上注明多重性数值,一般格式为"最小值..最大值"。最小值和最大值可以是整数或产生整数结果的任何表达式。如果多重性没有标注,那么就是尚未确定,UML 中没有默认多重性。假设一个未确定的多重性为1,就是一个常见的 UML 建模错误。表 2-3 是对多重性表示的说明。

表 2-3 关联的多重性说明

表　　示	含　　义
0..1	表示 0 个或者 1 个对象
1	表示 1 个对象
0..*	表示 0 个或者多个对象
*	表示 0 个或者多个对象
1..*	表示 1 个或者多个对象
1..6	表示 1~6 个对象
1..3,7..10,15,19..*	表示 1~3 个，或者 7~10 个，或者 15 个，或者 19 个至多个对象

在一对多或多对多的关联关系中，使用限定关联（qualified association）可以减少关联的重数。

限定关联是具有限定符（qualifier）的关联。限定符的作用是从一个目标集合中指定唯一的一个对象或多个对象。使用限定符能够将多对多的关联变成多对一的关联，或者将一对多的关联变成一对一的关联。例如，一个超市可以有多个会员，每个会员都有一个会员编号，每个会员也可以成为其他超市的会员，超市和会员之间是多对多的关系，但是对于一个指定的会员编号，与其相对应的只有一个会员，可见，利用限定符"会员编号"把多对多关系简化成了多对一关系。在类图中把限定符放在表示关联关系的直线末端的一个小方框内。

类与类之间关联关系的表示如图 2-19 所示。

(a) 一对多的关联

(b) 自身关联　　(c) 限定关联

图 2-19 关联关系

关联类是用来表示一个类与其他类之间关联关系的类。当两个类之间存在多对多关系时,有时有些属性不能被这两个类容纳,这时我们可以考虑把这些属性放在关联中,用一个新类(关联类)解决问题。和类一样,关联也可以拥有自己的属性和操作,此时这个关联实际上就是一个关联类。例如,教务管理系统中的"学生"类和"课程"类之间存在多对多的关系,无论把属性"成绩"放在"学生"类中还是"课程"类中都不合适,这时可以把它放在这两个类之间的关联"选课"中,用"选课"关联类解决问题。当一个关联具有自己的属性和操作时,就需要用关联类建模。关联类的可视化表示方式与一般的类相同,但是要用一条虚线把关联类连接在与之对应的两个类之间的关联线上。此外,关联类也可以与其他类关联。

例如,如图 2-20 所示为某教务管理系统的简单领域模型类图。其中"选课"类和"任课安排"类是关联类。

图 2-20 教务管理系统领域模型类图

(2) 依赖关系。依赖关系是两个模型元素之间的关系,其中一个元素发生变化会影响到另一个元素。例如,对于类 A 和类 B,如果类 A 发生变化,可能会引起类 B 的变化,则称类 B 依赖于类 A。

依赖关系并不只是发生在类与类之间,通常还可以发生在包和包之间、对象和类之间,也会发生在操作和类之间。在 UML 图中,依赖关系用一条带箭头的虚线表示,箭头指向被依赖的事物,如图 2-21 所示。

图 2-21 依赖关系

(3) 泛化关系。泛化关系是一种一般与特殊的关系,表明一个元素是另一个元素的特例,也称为继承关系。泛化关系用一条带空心三角箭头的实线表示,箭头从子类指向父类,如图 2-22 所示。

图 2-22　泛化关系

(4) 实现关系。实现关系表示一个模型元素实现了另一个模型元素。例如,一个类(实现类)实现一个接口或抽象类的方法。在类图中,实现关系用一条带空心三角箭头的虚线表示,箭头从实现类指向接口;当接口用圆圈表示时,实现关系用一条直线表示,如图 2-23 所示。

图 2-23　实现关系

(5) 聚合关系。聚合关系也称为聚集关系,是一种特殊的关联关系,它描述模型元素之间部分和整体的关系,即一个表示整体的模型元素可能由几个表示部分的模型元素聚合而成。聚合关系用带空心菱形箭头的实线表示,箭头由部分指向整体,如图 2-24 所示。

图 2-24　聚合关系

(6) 组合关系。组合关系表示模型元素之间部分和整体的关系,但部分不能离开整体而单独存在。在组合关系中部分元素和整体元素具有统一的生命周期。一旦整体元素不存在,部分元素也将不存在,即部分元素只能作为整体元素的一部分与整体元素同时存在。

组合关系是一种特殊的聚合关系。聚合和组合的区别在于聚合关系中整体与部分的关系比较弱,而组合比较强。聚合关系中代表部分元素的对象与代表整体元素的对象的生命周期无关,删除了整体对象,部分对象也可存在;而在组合关系中,一旦删除了整体对象,部分对象也随之被删除。例如,部门是公司的组成单位,一旦公司不存在了,其中的部门也随之消失;关闭了窗口,窗口中的菜单、文本框、列表框等也随之消失,如图 2-25 所示。

为便于学习,将 UML 类图中的各种关系及其表示简要汇总至表 2-4 中。

图 2-25 组合关系

表 2-4 类图中的关系

关系	用途	表示法	说明
关联	表示类与类之间的关系	——→	双向关联 单向关联(导航关联)
依赖	表示两个模型元素之间的依附关系	----→	从依赖类指向被依赖类
泛化	表示一般与特殊的关系,适用于继承关系	——▷	从子类指向父类
实现	表示类与接口之间的关系	----▷	从类指向接口
聚合	表示类之间整体和部分的关系	——◇	从部分指向整体
组合	表示类之间整体和部分的关系,整体与部分具有统一的生命周期	——◆	从部分指向整体

2.3.3 对象图

对象是类的实例。因此,对象图可以看作类图的实例,表示在某一时刻类的具体实例和这些实例之间的具体连接关系。由于对象存在生命周期,所以对象图只能在系统的某一时间存在。

对象图并不是单独存在的,通常出现在协作图、时序图中,也用于类图建模技术。

对象图几乎使用与类图完全相同的标识,它们的区别在于对象图显示类的多个对象实例,而不是实际的类;对象图由名称区和属性区两部分组成,不包含操作,因为对于属于同一个类的对象而言,其操作是相同的。另外,为了和类名区分,必须在对象的名字下面加上下划线。其表示方式有以下三种。

(1) <u>对象名:类名</u>。

(2) <u>:类名</u>。

(3) <u>对象名</u>。

对象图的标识如图 2-26 所示。

图 2-26　对象图的标识

对象图的建模元素主要有对象和链，其中，对象是类的实例；链是对象之间的联系，是类之间关联关系的实例化。链有两种基本类型：单向链和双向链，其中，单向链用带箭头的实线表示；双向链用不带箭头的实线表示，链的每一端可以标注角色名称，但不能标注多重性。对象与类之间的关系用一条带实心箭头的虚线表示，如图 2-27 所示。

图 2-27　对象图实例

2.3.4　组件图

UML 中的物理实现图包括组件图（构件图）和配置图（部署图）两种类型。组件图（component diagram）可以描述软件的各个组件以及它们之间的关系，配置图可以描述硬件以及它们之间的关系。

1. 组件

组件(component)是定义了良好接口的物理实现单元,是系统中可替换的物理部件,它是对统一提供一组接口的实现。

组件一般表示实际存在的、物理的物件,它具有很广泛的定义。程序源代码、子系统、动态链接库、ActiveX 控件、JavaBean、Java Servlet、Java Server Page 都可以被认为是组件。

在 UML 中,组件用一个左侧带有两个突出小矩形的矩形来表示。每个组件都必须有一个不同于其他组件的名称。组件的名称是一个字符串,位于组件图的内部,如图 2-28 所示。组件的名称有两种:简单名和路径名。通常,UML 图中的组件只显示其名称。

图 2-28 组件图

组件类型有三种:配置组件、工作产品组件和执行组件。

(1) 配置组件是运行系统需要配置的组件,是形成可执行文件的基础。操作系统、Java 虚拟机和数据库管理系统都属于配置组件。

(2) 工作产品组件包括模型、源代码和用于创建配置组件的数据文件,它们是配置组件的来源。工作产品组件包括 UML 图、Java 类和 JAR 文件、动态链接库(dll)和数据库表等。

(3) 执行组件是在运行时创建的组件,是最终可运行的系统产生的允许结果。EJB、Servlet、HTML 和 XML 文档、COM+和.NET 组件以及 CORBA 组件都是执行组件的例子。

2. 组件接口

组件可以通过其他组件的接口,使用其他组件中定义的一些操作。在 UML 中,接口使用一个小圆圈来表示。接口和组件之间的关系有实现关系和依赖关系两种。接口和组件之间用实线连接表示实现关系,用虚线连接表示依赖关系,如图 2-29 所示。

组件的接口分为两种类型:导入接口(export interface)和导出接口(import interface)。其中,导入接口由访问操作的组件使用,导出接口由提供操作的组件提供。例如,图 2-29 中的接口对组件 1 来说是导出接口,对组件 2 来说是导入接口。

图 2-29 组件和接口的关系

3. 组件的依赖关系

组件图用依赖关系表示各组件之间存在的关系类型。在 UML 中,组件图中依赖关系的表示方法与类图中依赖关系相同,都是一个由客户指向提供者的虚线箭头。

在图 2-30 中,表示了"客户"和"提供者"两个组件,"客户"端组件依赖于"提供者"端组件。

图 2-30 组件的依赖关系

4. 组件的嵌套

组件可以嵌套在其他组件中。在图 2-31 中事务处理组件由事务逻辑、数据访问和用户接口三个组件组成。

图 2-31 组件的嵌套

2.3.5 配置图

配置图(也称为部署图)用来描述系统中硬件和软件的物理架构。如系统中包括的计算机和其他硬件设备,它们的位置以及它们之间是如何相互连接的,系统程序和进程在哪一台计算机上运行等。配置图对于嵌入式、客户机/服务器和分布式系统的可视化建模很重要。

配置图中通常包含三个元素:节点、组件和关系(连接)。

1. 配置图中的节点

节点是在运行时代表计算资源的物理元素,节点通常拥有一些内存,并具有处理能力。在 UML 中,节点用一个立方体来表示,每一个节点都有一个区别于其他节点的名称。节点的名称是一个字符串,位于节点图标内部。节点名称通常是从现实的词汇表中抽取出来的短名词或名词短语。节点的名称有两种:简单名和路径名。

在实际的建模过程中,可以把节点分成两种类型,如图 2-32 所示。

(1) 处理器(processor)。处理器是能够执行软件构件、具有计算能力的节点。例如,PC、服务器、工作站等都属于处理器。

图 2-32 节点图

(2) 设备(device)。设备是没有计算能力的节点,通常是通过其接口为外界提供某种服务。例如,打印机、扫描仪等都属于设备。

2. 配置图中的组件

(1) 配置图可以将节点和组件结合起来,处理资源和软件实现之间的关系。

(2) 当组件驻留在某个节点时,可以将它建模在该节点的内部,表示它们处在同一个节点上,并且在同一个节点上执行。

(3) 为显示组件之间的逻辑通信,可以通过虚线箭头将不同组件连接在一起,表示它们之间的依赖关系。

驻留在节点上的组件如图 2-33 所示。

3. 配置图中的关系

配置图中通常包括依赖关系和关联关系。

(1) 依赖关系使用带虚线的箭头表示,它通常用在配置图的组件和组件之间。

(2) 关联关系表示各节点之间的通信路径,用一条直线表示,说明在节点间存在某类通信路径,节点通过这条通信路径交换对象或发送信息。关联关系一般不使用名称,如图 2-34 所示。

图 2-33　组件节点关系图　　　　图 2-34　配置图中的关联关系

2.4　UML 动态建模

UML 动态建模通过行为图和交互图定义并描述了系统结构元素的动态特性及行为。行为图包括状态图和活动图,它以描述系统状态转移为主;交互图包括协作图和顺序图,它以描述系统对象通信和交互为主。

UML动态建模主要采用面向对象技术。在面向对象技术中,对象间的交互是通过对象间消息的传递来完成的。具体表现为一个对象对另一个对象方法(操作)的调用。

2.4.1 状态图

1. 状态图的基本概念及特点

状态图(state diagram)用来描述一个特定对象的所有可能状态及其引起状态转移的事件。大多数面向对象技术都用状态图表示单个对象在其生命周期中的行为。

2. 状态图的基本要素

(1) 状态。状态是指对象在其生命周期中满足某些条件、执行某些活动或等待某些事件时的状况。例如,汽车(对象)正在行驶(状态),发动机(对象)正在工作(状态)。

(2) 转移。转移是由一种状态到另一种状态的迁移。这种转移由被建模实体内部或外部事件触发。转移用带箭头的直线表示,箭头一端连接源状态即转出的状态,箭头另一端连接目标状态即转入的状态。

(3) 动作。动作是一组可执行语句或者计算处理过程。动作是原子的、不可中断的,动作或动作序列的执行不会被同时发生的其他动作影响或终止。

整个系统可以在同一时间执行多个动作。在一种状态中允许有多个动作。

① 入口动作。用来指定进入该状态时发生的动作。

语法形式:

entry/动作名

② 出口动作。用来指定离开该状态时发生的动作。

语法形式:

exit/动作名

入口动作和出口动作状态图如图 2-35 所示。

图 2-35　入口动作和出口动作状态图

③ 内部转移。用于标记内部活动,用来指定处于该状态时执行的动作。

语法形式:

do/动作名

3. 状态图的可视化图标

状态图的常用可视化图标如表 2-5 所示。

表 2-5 状态图的常用可视化图标

可视化图标	名称	描述
●	初始状态	在一个状态图中只允许有一个,用一个实心圆表示
状态	中间状态	圆角的矩形,表示状态图的简单状态
◉	终止状态	套有一个实心圆的空心圆,表示状态图的终点
◇	条件判断	表示状态间的条件分支转移
▯	并发条	表示并发状态
→	转移	说明两个对象间存在某种关系,如满足某个条件并当某一事件发生时,对象将从一种状态变迁到另一种状态,同时执行一些活动
▱	注释体	对 UML 实体进行文字描述
----------	注释连接	将注释体与要描述的实体相连接,说明该注释是针对该实体所进行的描述

4. 状态图实例

【实例 2-1】 顺序状态图。

例如,人一生经历的各个阶段的状态变化是单方向的,其状态图如图 2-36 所示。

图 2-36 顺序状态图

【实例 2-2】 组合状态图。

洗衣机的工作状态含有洗涤和脱水两种子状态,是组合状态。其工作状态图如图 2-37 所示。

图 2-37 组合状态图

【实例 2-3】 转移状态图。

转移是两个状态之间的一种关系,表示对象将在源状态中执行一定的动作,并在某个特定事件发生或者某个特定的条件满足时进入目标状态。

发货检查状态图就是转移状态图,如图 2-38 所示。

图中列出了从检查状态引出的三个条件。

(1) 若没有检查完所有项,则取下一项并回到检查状态继续检查。

图 2-38 转移状态图

(2) 若已检查完所有项,且都有足够的货物,则转移到发货状态。

(3) 若已检查完所有项,但有一些项缺货,则转移到等待状态。

【实例 2-4】 并发状态图。

并发状态图由两个或多个并发子图组成,每个子图称为一个并发段。在任何时刻,一个对象的状态是每个并发段中各取一种状态的组合。当对象离开并发段后,它又恢复成一种单一的状态。

如果并发子图中的一种状态首先完成,它将首先转入下一种状态。但是,如果异常事件发生,则进入唯一的异常状态。

当一个对象有几种相互独立的行为时,并发状态图可以方便地刻画它的行为。但一个对象的并发行为不应太多。如果太多,应将其状态图细分。

如图 2-39 所示的就是刹车系统同时进入前刹车状态和后刹车状态的并发状态图。

图 2-39 并发状态图

2.4.2 活动图

1. 活动图的基本概念及特点

活动图（activity diagram）是一种描述满足用例要求所要进行的活动以及活动间的约束关系的图，有利于识别并行活动。用例图显示系统要实现的功能（用例），活动图描述用例的基本操作流程，它显示了系统是如何实现这些用例的，对于系统的功能建模特别重要。

活动图的用途非常广泛，它可以附加到任何建模元素上，以便对该元素的行为建模。活动图通常依附于用例、类、接口、组件、节点、协作、操作和方法。

（1）活动图与状态图的区别与联系。活动图与状态图都是状态机的表现形式，两者的区别如下。

① 描述重点不同。状态图着重描述一个对象从一个状态到另一个状态的转换，主要有外部事件的参与；而活动图主要描述对象进行的各种活动和这些活动的执行顺序，着重表现从一个活动到另一个活动的控制流，是内部处理驱动的流程。

② 使用场合不同。若是为了显示一个对象在其生命周期内的行为，则使用状态图较好；若是为了分析用例，以及理解涉及多个用例的工作流程或处理多线程应用等，则使用活动图较好。

（2）活动图与程序流程图的区别与联系。活动图类似于程序流程图，程序流程图所能表示的内容大多数情况下也可以使用活动图表示。但是两者是有区别的，不能将两个概念混淆。两者的区别有以下三点。

① 程序流程图着重描述处理过程，它的基本结构有顺序、选择和循环三种，各个处理过程之间有严格的顺序和时间关系；而活动图描述的是对象活动的顺序关系所遵循的规则，它着重表现的是系统的行为，而非系统的处理过程。

② 活动图能够表示并发活动，而流程图不能。

③ 活动图是面向对象的，而流程图是面向过程的。

活动图的核心符号是活动，通过连接将活动组成活动图，如图 2-40 所示。

图 2-40　从一个活动到另一个活动的转移

2. 活动图的基本要素

（1）活动和组合活动。

① 活动。活动图所描述的过程中的某一原子活动（不可再被细分）。

② 组合活动。活动图所描述的过程中的某一活动可再分为多个活动（一般用另一张活动图加以描述）。

（2）特殊活动。

① 条件判断。表示活动流程中的判断。通常有多个信息流从它引出，表示决策后的

不同活动分支。

②同步条。表示活动之间的同步。一般有一个或多个信息流向它引入,有一个或多个信息流从它引出。表示引入的信息流同时到达,引出的信息流被同时触发。

③信号接收。若与信号流相连,表示它是某个活动转移的必要条件,等价于信息流上的事件标识。

④信号发送。若与信号流相连,表示在某个活动转移发生时向某个对象发送一个信号,等价于信息流上的发送子句。

(3)起点和终点。

①起点。活动图中所有活动的起点。每幅活动图一般有且仅有一个起点。

②终点。所有被触发的活动都已执行完毕,且没有待执行的活动。每幅活动图一般有一个或多个终点。

③死端点。若一个活动执行后不再执行别的活动,则该活动称为死端点。此时没有定义该幅活动图的终点。

(4)对象。

①对象若与信号流相连,表示它是与活动图中的对象进行交互(接收信号或发送信号)的其他对象。

②对象若与数据流相连,表示它是活动的输入或输出。

(5)信息流、数据流、信号流。

①信息流。用于连接活动、组合活动及特殊活动(如起点、终点、同步条及判断等),表示活动的转移。

②数据流。用于连接活动与对象,表示该对象是该活动的输入或输出。

③信号流。将一个控制信号发送(或控制信号接收)与一个对象相连接,表示向该对象发送(或由该对象接收)一个控制信号。

(6)泳道和时标。活动图能指出发生了什么,但不能指出该项活动由谁来完成。因而无法描述每个活动由谁来负责。活动图也不能指出该项活动需要在哪个阶段完成,因而无法描述项目计划。

解决这个问题的一种方法是将活动图中的活动进行分组。活动图有以下三种分组方法。

①泳道法。用于对活动图中的活动进行分组,同一组活动由一个或多个对象负责完成。用线条将活动分成一些纵向的矩形,这些矩形称为泳道。每个矩形属于一个特定的对象或部门的责任区。

②时标法。用于对活动图中的活动也是按横向进行分组,同一组活动都是属于在同一阶段要完成的活动。

③泳道和时标相结合的方法。横向按时标分组、纵向按泳道分组。

(7)注释体和注释连接。

①注释体。用于对 UML 实体进行文字描述。

②注释连接。用于将注释体与要描述的实体相连,说明该注释体是针对该实体所进行的描述。

3. 活动图的可视化图标

活动图的常用可视化图标如表 2-6 所示。

表 2-6 活动图的常用可视化图标

可视化图标	名称	描述
●	起点	活动图中所有活动的起点,一般每幅活动图有且仅有一个起点
◉	终点	活动图中活动的终点,一般每幅活动图有一个或多个终点
活动	活动	活动图所描述的过程中的某一活动,不可再被细分
组合活动	组合活动	活动图所描述的过程中的某一活动。该活动可再细分成多个活动(一般用另一幅活动图加以描述)
对象	对象	若与信号流相连,表示它是与活动图中的对象进行交互(接收信号或发送信号)的其他对象;若与数据流相连,表示它是活动的输入产品或输出产品
泳道	泳道	用于对活动图中的活动按横向进行分组,同一组活动由一个或多个对象负责完成
▬	同步条	一种特殊活动,表示活动之间的同步。一般有一个或多个信息流向它引入,有一个或多个信息流从它引出,表示引入的信息流同时到达,引出的信息流被同时触发
信号接收	信号接收	一种特殊活动,若与信号流相连,表示相应信号的接收是某个活动转移的必要条件
信号发送	信号发送	一种特殊活动,若与信号流相连,表示在某个活动转移发生时向某个对象发送一个信号
→	信息流	用于连接活动、组合活动及特殊活动(如起点、终点、同步条及判断等),表示活动的转移
→	数据流	连接活动与对象,表示该对象是该活动的输入或输出
- - - ->	信号流	将一个控制信号发送(或信号接收)与一个对象相连接,表示向该对象发送(或由该对象接收)一个信号
- - - - - -	注释连接	将注释体与要描述的实体相连,说明该注释体是针对该实体所进行的描述
◇	分支	根据条件,控制执行方向
⋇	分叉	以下的活动可并发执行
⋇	结合	以上的并发活动在此结合

4. 活动图实例

【实例 2-5】 带泳道的活动图——"师生讨论问题"的活动图,如图 2-41 所示。

图 2-41 "师生讨论问题"的活动图

"师生讨论问题"的活动图实例的特点:讨论活动是由教师和学生两个对象共同完成的。这样的活动标在泳道线上,表示这个活动是由两个对象共同完成的。

【实例 2-6】 带泳道的活动图——"打印文件"的活动图,如图 2-42 所示。

图 2-42 "打印文件"的活动图

"打印文件"的活动图实例的特点:这些活动分别属于两个对象("窗口"和"打印机")。这是一个比较简单的活动图,每个活动都属于单一的对象。

【实例2-7】 带分支的活动图——"课程选择"的活动图,如图2-43所示。

【实例2-8】 带叉的活动图——"购买商品"的活动图,如图2-44所示。

与分支不同,分叉表示同时开始多个分支。"商品打包"和"付款"两个活动是并行的,即这两个活动的执行次序是随意的,可以先执行"商品打包"活动,再执行"付款"活动;或先执行"付款"活动,再执行"商品打包"活动;也可以两个活动同时交叉进行。

图2-43 "课程选择"的活动图　　　　图2-44 "购买商品"的活动图

2.4.3 顺序图

1. 顺序图的基本概念及特点

顺序图(sequence diagram)是用来描述为了完成某确定事务,对象之间按照时间顺序进行消息交互的图。顺序图的一个用途是用来表示用例中的行为顺序。顺序图具备了时间顺序的概念。

顺序图直观地表示出了对象的生命周期,对象可以对输入消息做出响应,并且可以返回消息。

2. 顺序图的基本要素

(1) 对象。顺序图的横轴上是与序列有关的对象。顺序图中对象的符号和对象图中对象所用的符号一样。对象间的排列顺序并不重要,但一般把表示参与者的对象放在图的两侧,主要参与者放在最左边,次要参与者放在最右边(或表示人的参与者放在最左边,表示系统的参与者放在最右边)。将对象置于顺序图的顶部意味着在交互开始的时候对象就已经存在了。如果对象的位置不在顶部,那么表示对象是在交互的过程中被创建的。

(2) 生命线。生命线在顺序图中表示为从对象图标向下延伸的一条虚线,表示对象存在的时间。每个对象都有自己的生命线,如果对象生命线结束,则用注销符号表示。

(3) 激活。如果对象接收到消息后立即执行某个动作,称对象被激活,激活用细长的矩形框表示,写在该对象的下方,表示该对象正在执行某个操作。激活条的长短表示执行操作的时间。

(4) 消息。消息用从一个对象的生命线到另一个对象生命线的带箭头的线表示。箭头方向指向接收消息的对象,消息线的箭头形状表示消息的类型。消息出现的次序自上而下,对象也可以向自己发送消息。消息线上标注消息名,也可以加上参数并标注一些控制信息。

3. 顺序图的维度

(1) 横向。放置相关对象个体。
(2) 纵向。表示时间轴,自上而下地表示时间顺序。
顺序图的组成如图 2-45 所示。

图 2-45 顺序图的组成

4. 顺序图的可视化图标

顺序图的常用可视化图标表示如表 2-7 所示。

表 2-7 常用顺序图可视化图标

可视化图标	名称	描述
Object: Class	带有生命线的对象	表示顺序图中参与交互的对象,每个对象的下方都带有生命线,用于表示该对象在某段时间内是存在的
▯	激活的对象	表示对象正在执行某一动作,在对象的生命线之间发送消息的同时激活对象
	分支生命线	生命线可分成多条生命线,表示条件,接收分支消息
×	删除标志	标于生命线或激活上。表示已删除该对象或活动的执行
→	简单消息	表示简单的控制流,用于描述控制如何在对象间进行传递
→	同步消息	表示嵌套的控制流。操作的调用是一种典型的同步消息。调用者发出消息后必须等待消息的返回。当处理消息的操作执行完毕,调用者才可继续执行自己的操作

续表

可视化图标	名称	描述
———▶	异步消息	表示异步控制流。当调用者发出消息后不用等待消息的返回即可继续执行自己的操作。异步消息主要用于描述实时系统中的并发行为
◀-----	返回消息	表示从同步消息激活的动作返回到调用者的消息
-------	注释连接	将注释体与要描述的实体相连,说明该注释体是对该实体所进行的描述
▭	注释体	对 UML 实体进行文字描述

5. 顺序图实例

【实例 2-9】 学生使用计算机编程准备工作顺序图如图 2-46 所示。

图 2-46　学生使用计算机编程准备工作顺序图

【实例 2-10】 用户使用计算机打印文件,计算机向打印服务器发送打印命令,打印机如果空闲,则直接打印,否则把打印文件存储在打印队列中。打印文件顺序图如图 2-47 所示。

2.4.4　协作图

1. 协作图的基本概念及特点

协作图(communication diagram)也称为合作图,描述对象间的协作关系。协作图跟顺序图相似,显示对象间的动态合作关系。除显示信息交换外,协作图还显示对象以及它们之间的关系。

协作图的一个用途是表示一个类操作的实现。

图 2-47　打印文件顺序图

2. 协作图的基本要素

协作图强调参与一个交互对象的组织,它由对象(object)、链(link)和消息(message)三个基本要素组成。

(1) 对象。协作图与顺序图中对象的概念是一样的,不同的是协作图中存在多重对象。多重对象是多个对象的集合,往往是同类对象。如果消息同时发送给多个对象,则用多重对象表示。

图 2-48 表示的是一名教师同时向多名学生传送学习资料。

(2) 链。链表示对象之间的语义连接,用直线表示。

(3) 消息。在协作图中消息用依附于链接的带标记的箭头表示,它附在连接发送者和接收者的链上。

为了说明交互过程中消息的时间顺序,需要给消息添加顺序号。每个消息包括一个顺序号以及消息的名称。消息的名称可以是一个方法,包含一个名字和参数表、可选的返回值表。消息的各种实现的细节也可以被加入,如同步与异步等。

消息执行顺序的编号方案如下。

(1) 顺序法。简单编号方案。这是一个整数,从 1 开始递增,顺序排列。每个消息都必须有唯一的顺序号。

(2) 层次法。小数点制编号方案。要求表示系统号、子系统号和模块号。

协作图如图 2-49 所示。

图 2-48　多重对象　　　　　　　图 2-49　协作图

3. 协作图实例

【实例 2-11】 学生使用计算机启动应用软件操作协作图如图 2-50 所示。

图 2-50 学生使用计算机启动应用软件操作协作图

【实例 2-12】 用户使用计算机打印文件操作协作图如图 2-51 所示。

图 2-51 用户使用计算机打印文件操作协作图

2.5 包 图

包图（package diagram）是用来描述模型中的包及其关系的图。包图常用来描述系统和子系统的宏观组成和结构，在逻辑上把一个复杂的系统模块化，以方便系统开发、维护和管理。

包（package）是一种 UML 中的分组事物，是一种将模型元素组织成组的通用机制。包是模型元素的容器和所有者，其功能类似于操作系统中的文件夹。包的作用表现在以下几个方面。

(1) 对语义上相关的元素进行分组。例如，把功能相关的用例放在一个包中，不同的包提供了系统功能的不同方面。

(2) 提供配置管理单元。例如，以包为单位，对软件进行安装和配置。

(3) 在设计中，提供并行工作的单元。例如，在设计阶段，多个设计小组可以同时对几个相互独立包中的类进行详细设计。

(4) 提供一个封装的命名空间。在同一个包中,各元素的名称必须唯一。

1. 包的命名

每个包都必须有一个区别于其他包的名字。包的名字是一个字符串,有简单名(simple name)和路径名(path name)两种形式。简单名是指包仅含一个简单的名称;路径名是指以包位于的外围包的名字作为前缀的包名。路径名的基本格式是:外部包名称::本包名称。例如,当包Package2位于包Package1中时,Package2的路径名是:Package1::Package2。

包的图标是一个文件夹,包名可以放在标签(文件夹左上角的小方框)中,也可以放在文件夹的主方框中,如图2-52所示。

图2-52 包的命名

2. 包拥有的元素

包可以包含类、接口、组件(构件)、节点、用例、图和子包等。所有的UML模型元素都能用包来进行组织,但一个元素只能属于一个包。如果包被撤销,其中的元素也要被撤销。

包可以嵌套在其他包的任何深度中。包的嵌套可以清晰地表现系统模型元素之间的关系,但在建立模型时包的嵌套不宜过深,包嵌套的层数一般以2～3层为宜。包嵌套的表示方式有两种,如图2-53所示。

包中各个元素的名字不允许相同。其命名方式有非限定名和限定名两种。其中非限定名是指元素的名字,不包括包的名字,例如,图2-53中的MyClass。限定名即路径名,需要在元素名字前面缀上包名,例如,Package1::Package2::MyClass。

3. 包的可见性

包的可见性用来控制包外界的元素对包内元素的可访问权限,这一点和类的可见性类似。可见性的种类与表示方式与类的可见性相同。

4. 包图中的关系

包与包之间的关系有依赖关系和泛化关系两种。依赖关系是指如果对包A的修改将导致包B的改变,则称B依赖于A;泛化关系和类间的泛化关系类似,子包继承父包的公共元素和保护元素,并可以增加新的元素,在使用父包的地方可以用子包代替。

包间的依赖关系可以细分为使用关系、引用关系、访问关系和跟踪关系四种。

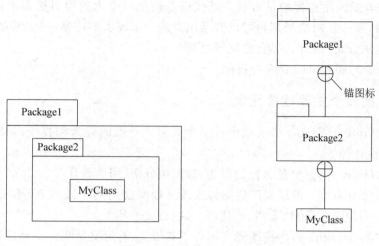

图 2-53 包嵌套的表示方式

(1) 使用关系。这是一种默认的依赖关系,说明客户包中的元素以某种方式使用提供者包的公共元素。

(2) 引用关系。这是最普遍的包依赖类型,提供者命名空间的公共元素被添加为客户包命名空间上的公共元素。

(3) 访问关系。提供者命名空间的公共元素被添加为客户包命名空间上的私有元素。

(4) 跟踪关系。通常表示一个元素发展成为另一个版本的元素。

2.6 统一过程 RUP

RUP(rational unified process,软件统一过程或统一过程)是 UML 的创始人在创建 UML 的同时提出的一种面向对象的软件开发过程。RUP 描述了如何有效地利用商业的可靠方法开发和部署软件,特别适用于大型软件团队开发项目。

在目前比较流行的软件开发过程中,使用 RUP 可以更好地进行 UML 建模,RUP 能够为软件开发团队提供指南、文档模板和工具,从而使软件开发团队能够最有效地利用当前软件开发实践中所获得的最好经验。

RUP 以一种能够被大多数项目和软件开发组织适应的形式建立整个过程,是最佳软件开发经验的总结,它包括软件开发中的六大经验,即迭代式软件开发、需求管理、基于构件的架构应用、可视化建模、软件质量验证和软件变更控制。

1. RUP 的主要特点

(1) 面向对象。

(2) 用例驱动。软件开发是由用例驱动的。

(3) 以构架设计为中心。

(4) 软件开发采用迭代增量方式。迭代就是指把一个大的项目按需求重要性等,分成若干步实现,每一步的结果都是可以满足用户进一步需求的产品(一个增量),而每一步都有系统的需求分析、设计、实施、测试等过程。

(5) 以质量控制和风险管理为目标。

2. RUP的四个主要建模元素

(1) 角色(role)。定义了个人或由若干个人组成小组的行为和责任,如构架师、系统分析员、测试设计师等。

(2) 活动(activity)。角色执行的行为,如用例分析、用例设计等。

(3) 制品(artifact)。被过程产生的修改或过程所使用的一段信息,是项目有形的产品,如模型、模型的组成元素、文档、源代码、可执行文件等。

(4) 工作流(workflow)。描述能产生若干有价值、有意义结果的活动序列,显示角色之间的交互作用,工作流能够产生具有可观察结果的活动序列,如活动图和顺序图。RUP的工作流共有九个,分为六个核心工作流:商业建模、需求、分析和设计、实施、测试、部署;三个核心支持工作流:配置和变更管理、项目管理、环境。

3. RUP的视图

RUP采用五种视图来对构架进行描述。

(1) 逻辑视图。用来设计对象的模型。

(2) 过程视图。用来捕获设计的并发和同步特性。

(3) 物理视图。用来描述软件到硬件的映射。

(4) 部署视图。描述在开发环境中软件的静态组织结构。

(5) 用例视图。描述其他视图如何工作。

4. RUP的开发模式

RUP把软件项目的开发过程划分为四个阶段:初始阶段、细化阶段、构造阶段和移交阶段。根据需求,每个阶段都可以细分为小的迭代,每个迭代都是一个完整的开发过程,类似小型的瀑布模式。项目每一次的迭代都会产生一个可以发布的版本,这个版本是最终产品的一个子集。

(1) 初始阶段。确定项目开发的目标和范围。

(2) 细化阶段。确定系统架构和明确需求。

(3) 构造阶段。通过循环重复的工作具体建造软件系统。每一次的循环都包含了常规的软件生命周期阶段的活动——分析、设计、实施、测试等。每一次循环都将得到一个更准确的接近未来系统的系统模型或原型。

(4) 移交阶段。完成软件的产品化工作,将软件移交给客户。

5. 基于RUP的软件分析设计过程

分析设计按照RUP大致可细分为以下几个步骤。

(1) 创建参与者(actor)。
(2) 创建用例(use case),并对每个用例功能描述。
(3) 创建顺序图(sequence diagram)、状态图(state diagram),得到系统对象(object)。
(4) 从顺序图分析出的对象入手,创建系统类(classe)和包(package)。
(5) 为类添加属性(property)和方法(method),并画出类图(package diagram),细化类的设计。
(6) 为顺序图中对象指定对应类。
(7) 设计系统实现结构,为各个类和包指定实现的组件(component),并画出初步组件图(component diagram)。

2.7 拓展提高——类图的抽象层次

软件开发过程中的需求分析、系统分析和系统设计阶段分别需要建立领域模型、分析模型和设计模型,这三种模型都要用到类图,但这些类图的抽象层次是不同的。类图建模是一个随着从领域模型到分析模型再到设计模型,抽象层次逐步降低并逐步细化的过程。在领域模型、分析模型和设计模型中使用的类分别称为概念类、分析类和设计类,如图 2-54 所示。

图 2-54 软件系统模型及其使用的类

(1) 概念类。概念类是指现实世界中的概念与事物。概念类与实现它们的类有联系,但通常没有直接的映射关系。最终系统中有哪些类,各个类有哪些属性,依赖于所选择的平台和架构。绘制概念类图时很少考虑或不考虑实现的问题,因此概念类应独立于具体的编程语言,一般仅包括类名和重要属性,不包括操作。

领域模型是对业务领域内的概念类或者现实世界中对象的可视化表示,也称为概念模型、领域对象模型和分析对象模型。领域模型显示业务领域中最重要的业务概念和它们之间的关系,是现实世界中各个事物的表示,而不是软件中各构件(如窗口、数据库等)的表示。简单地说,领域模型是没有定义操作的类图,它显示概念类、概念类的属性和概念类之间的关系。领域模型只与业务有关,与具体实现及编码等计算机技术无关。

领域模型是根据用例模型建立的,领域建模是对用例视图的补充和进一步的细化,与用例视图一起共同组成了需求模型。建立领域模型的基本步骤如下:

① 寻找概念类。
② 确定概念类之间的关联。
③ 添加概念类的重要属性。

(2) 分析类。分析类是系统分析阶段产生的结果之一，是业务领域模型的关键概念。分析类是系统元素的高层抽象，表示问题领域中的一个清晰的类，应该映射到现实世界的业务概念，如客户、产品或账号等。

分析模型中的所有类都属于分析类。分析模型包括系统基本功能分析、实现功能的对象和对象之间的关系。分析模型是 UML 建模元素和图的集合，因此使用包表示。这个包只包含一个分析系统，并且这个分析系统由一个或多个分析包组成，如图 2-55 所示。

图 2-55　分析模型的组成

图 2-55 中的锚图标表示在⊕端的事物包含了在线的另一端的事物。

分析模型和领域模型是很相近的，领域模型更多地偏重对业务领域的分析，分析模型则主要针对软件系统进行分析。

分析类不针对具体的程序设计语言，但可以包含一些类的细节特性。设计分析类时考虑的是类的接口部分，而不是实现部分。这个接口可能因为实现环境、运行特性等有多种不同的实现。

绘制分析类图时，分析类必须有类名和属性名，属性类型可选，操作可带参数和返回值类型。可视性一般不显示，强调模型时可加构造型和标记值。

(3) 设计类。设计类是用来描述怎么实现的，来源于问题域和解决域。设计类针对具体的程序设计语言，考虑类的实现细节。

设计模型依赖于分析模型。设计模型是系统的具体解决方案，是在分析模型的基础上添加设计元素，对分析模型调整和完善而来。与分析模型相比，设计模型中的类的属性、操作以及类与类之间的关系都得到了进一步精化。设计模型与分析模型的关系如图 2-56 所示。

图 2-56　设计模型与分析模型的关系

设计模型包含设计子系统设计类和接口、用例实现—设计,以及部署图等。在设计阶段,使用子系统而不是包表示系统的物理模型。图 2-57 所示的设计模型包含一个设计系统,该设计系统又包含了多个设计子系统。

一个分析类可分解为零个或多个接口,以及零个或多个设计类,如图 2-58 所示。

图 2-57　设计模型的组成

图 2-58　设计类、接口与分析类的关系

2.8 习　　题

1. 填空题

（1）UML 视图有_____、_____、_____、_____和_____五种。

（2）UML 的图分为_____、_____、_____、_____和_____五类。

（3）UML 语言中的事务可以分为_____、_____、_____和_____。

（4）UML 中的关系有_____、_____、_____、_____、_____和_____六种。

（5）UML 的图细分为_____、_____、_____、_____、_____、_____、_____、_____和_____九种。

（6）用例图是从_____角度来描述系统的功能。

2. 简答题

什么是用例图？它的基本元素是什么？

3. 操作题

（1）技能考核。银行提供存款、取款、转账等业务。一个客户可以在银行开设多个账户，客户可以向账户中存钱，也可以从账户中取钱，或将存款从一个账户转到另一个账户，客户也有权撤销一个账户。

根据描述银行的基本功能，对其进行面向对象的系统分析与设计，利用 UML 语言为系统建模。

（2）自学 Rational Rose 工具的使用方法。

任务3 新闻发布系统可行性研究与软件开发计划

- 能力目标
  - 能够独立对较简单项目从技术、经济、社会条件等方面进行可行性研究,确定项目是否立项。
  - 能够使用系统流程图进行项目可行性研究。
  - 能够编写项目可行性研究报告。
  - 能够制订初步的项目开发计划。
  - 能够使用 Project 进行项目的计划安排。
- 知识目标
  - 掌握软件项目立项时可行性研究的方法、内容和步骤。
  - 掌握可行性研究报告的编写方法。

任 务 导 入

在软件生命周期中的软件计划时期要进行软件定义。这个阶段的时间最短,要通过对用户的调查研究,尽快明确软件开发的目标、规模和基本要求,研究系统开发的可行性并制订软件开发计划。

任 务 清 单

(1) 软件定义。
(2) 研究项目可行性。
(3) 绘制系统流程图和业务流程图。
(4) 编写项目可行性研究报告。
(5) 制订软件开发计划。

3.1 案例——新闻发布系统可行性研究报告

3.1.1 引言

1. 编写目的

说明该软件开发项目的实现在技术、经济和社会条件方面的可行性；说明并论证所选定方案的可行性。

2. 项目背景

校园网作为学校信息化建设的一个平台,在完成新闻发布、资源共享、互联网访问等方面发挥了重要作用。宣传展示学校风采、发布日常办公等事务通知和通告、政策信息的上传与下达是新闻发布系统建设的目标所在。本系统立足于校园实际,着眼于未来发展,建成符合标准化协议、通用性较强、实用的系统,以提高高校现代化管理水平,实现信息资源的共享,向数字化校园更进一步。校内新闻发布系统目前从学校的实际条件出发,充分利用学校所拥有的计算机硬件设备和软件条件,为学校教学、行政和其他日常工作提供有力的信息和知识保障,并更好地服务于师生,方便师生及时了解校内外的实时资讯及学校的最新动态。

3. 参考资料

略。

3.1.2 可行性研究的前提

1. 基本要求

实现校内新闻的管理,使得对信息的管理更加及时、高效,功能主要包括前台新闻浏览、评论及后台的管理。

本系统主要功能及性能要求如下。

(1) 用户登录验证。

(2) 管理员进行新闻类别管理和新闻发布管理。新闻类别管理内容包括新闻类别的添加、删除、修改;新闻发布管理内容包括新闻信息的添加、删除、修改、查询。

(3) 普通用户浏览新闻,可以对新闻进行评论,管理员可以对评论进行管理。

(4) 能方便快捷地完成新闻发布工作,输入数据合法性校验程度高,数据查询速度快。

(5) 完成期限的要求。

2. 目标

(1) 人力与设备费用的相对减少。
(2) 使用此系统后可以及时发布校内外重要信息。

3. 条件、假定和限制

说明项目开发中所具备的条件、假定和所受到的限制。
(1) 系统运行寿命的最小值应达三年。
(2) 系统方案选择比较的时间为一个月。
(3) 经费、投资方面的来源。
(4) 运行环境和开发环境方面的条件。
(5) 可利用的信息和资源。
① 可参考已有的应用程序和数据库管理系统。
② 系统投入使用的最晚时间为当年的6月。

4. 可行性研究方法

可行性研究采用的方法如下。
(1) 客户调查。
(2) 参考其他同类网站、同类产品。

3.1.3 所建议技术可行性研究

(1) 风险分析。此软件可维护,可扩展,风险小。
(2) 资源分析。必需的软件、硬件、工作环境都已经具备。
(3) 技术分析。此网站使用 JavaScript 技术,采用 MyEclipse JSP Editor 和 MySQL 开源关系型数据库管理系统作为开发工具。整体框架采用 MVC 三层架构开发模式,使网站将来具有更好的扩展性和可维护性。由于项目没有复杂的业务,逻辑要求简单,所以利用现有技术完全可以实现。

3.1.4 经济可行性分析

校园内部局域网已经建成;不需要很大投入,充分利用学校所拥有的计算机硬件设备和软件条件。

3.1.5 社会因素可行性分析

1. 法律方面的可行性

新系统的研制和开发,不得侵犯他人、集体和国家的利益,不会违反国家政策和法律。

2. 使用方面的可行性

系统界面设计要求标准、简洁、一致、美观，操作简单、易学、易用，使用户能够快速理解和正确操作界面，减少用户的学习成本；采用响应式设计，使系统界面能够适应不同的设备和屏幕尺寸，如手机、平板电脑和台式计算机等；系统运行应该快速、稳定、高效和可靠；在结构上应具有很好的可扩展性，便于将来的功能扩展和维护。

3.1.6 结论

经上述可行性分析，系统研制和开发可以立即开始进行。

3.2 软件定义

在软件工程项目开始时，往往先进行软件定义，确定系统硬件、软件的功能和接口。通过对用户进行详细的调查研究，仔细阅读和分析有关的资料，确定所开发的软件系统的名称，明确系统的目标规模、基本要求，并对现有系统进行分析，明确开发新系统的必要性，设计新系统可能的解决方案。

【实例 3-1】 新闻发布系统的软件定义。

开发一个新闻发布系统，将校园信息集中管理，并通过信息的某些共性进行分类，最后系统化、标准化发布到网站上，使师生可以及时了解校内外动态。新闻发布系统的用户有管理员和普通用户。管理员负责新闻类别管理、新闻发布管理、用户管理和评论管理，普通用户可以浏览新闻、发布评论。录入数据合法性校验程度高，数据查询速度快。

3.3 项目的可行性研究

可行性研究是软件项目在正式立项前必须进行的工作，目的不是解决问题，而是确定软件项目是否值得做，以及能否用尽可能小的代价在尽可能短的时间内解决。可行性研究最根本的任务是对以后的行动方针提出建议，如果问题没有可行的解，则应建议停止这项开发工程，以避免时间、资源、人力和金钱的浪费；如果问题值得解，则推荐一个好的解决方案，并制订一个初步的工程计划。

可行性研究需要的时间长短取决于工程的规模，一般来说，可行性研究的成本只是预期工程总成本的 5%～10%。

3.3.1 可行性研究的任务

可行性研究的主要任务:"了解客户的要求及现实环境,从技术因素、经济因素和社会因素三方面研究并论证本软件项目的可行性,编写可行性研究报告,制订初步项目开发计划。"

可行性研究实质上是进行一次简化的系统分析和设计的过程。分析员应该给出系统的高层逻辑模型,然后从系统逻辑模型出发,寻找可供选择的解法,研究每一种解法的可行性。

1. 技术可行性

技术可行性是根据客户提出的系统功能、性能及实现系统的各项约束条件,从技术的角度研究系统实现的可行性。例如,公司现有资源(如人员、环境、设备和技术条件等)能否满足工程和项目的实施要求,若不满足,应考虑补救措施(如需要承包方参与,并增加人员、投资和设备等),涉及经济问题应进行投资、成本和效益可行性分析,最后确定工程和项目是否具备技术可行性。技术可行性研究具体包括以下几项。

(1) 风险分析。在给出的限制范围内,能否设计出系统,并实现必要的功能和性能。

(2) 资源分析。要论证是否具备系统开发所需的各类人员(管理人员和各类专业技术人员)、软件、硬件资源和工作环境等。

(3) 技术分析。相关技术的发展是否支持这个系统。

2. 经济可行性

经济可行性研究

经济可行性是分析开发该软件系统能否取得合理的经济效益,从经济角度判断这个系统是否值得投资,因而需要估算开发成本和预期的经济效益。

(1) 开发成本。估算开发成本应该全面考虑开发软件所需的各项费用。例如,办公室房租、购置办公用品、软硬件及有关设备的费用,水电费,资料费,系统安装和维护费用,人员工资,调研、培训和产品宣传费用等。

(2) 预期的经济效益。预期的经济效益包括一次性收益、非一次性收益、不可定量的收益、收益/投资比和投资回收周期等。投资是现在进行的,效益是将来获得的,不能简单地比较成本和收益,还应该考虑货币的时间价值。

① 货币的时间价值。通常以利率形式表示货币的时间价值。假设年利率为 i,如果现在存入银行 P 元,则 n 年后可得到的钱数为

$$F = P(1+i)^n$$

式中,F 是 P 元在 n 年后的价值。

【实例 3-2】 开发新闻发布系统,最初投资为 5000 元,产品使用寿命为 5 年,设年利率为 3%,如果将这 5000 元存入银行,则 5 年后可得到的钱数为

$$5000 \times (1+3\%)^5 = 5796.37(元)$$

反之,如果 n 年后能收入 F 元,那么这些钱现在的价值是

$$P = \frac{F}{(1+i)^n}$$

【实例 3-3】 假设使用新闻发布系统后每年可节省各项费用共计 2500 元,5 年共节省 12500 元。按年利率为 3%,利用上面计算货币现在价值的公式,可以算出每年预计节省的钱的现值,如表 3-1 所示。

表 3-1 将来的收入折算成现值

年份	年收益 F/元	$(1+i)^n$	现值 P/元	累计的现值/元
1	2500	1.03	2427.18	2427.18
2	2500	1.06	2358.49	4785.67
3	2500	1.09	2293.58	7079.25
4	2500	1.13	2212.39	9291.64
5	2500	1.16	2155.17	11446.81

根据表 3-1 可以进一步计算出衡量工程效益的几个经济指标收益/投资和投资回收周期。

② 收益/投资比。利用工程的收益/投资比,可以衡量投资效益的大小。收益/投资比计算公式为

$$\text{收益/投资比} = \frac{\text{收益总额}}{\text{投资总额}} \times 100\%$$

那么,如果不考虑 5000 元的时间价值,则开发新闻发布系统的收益/投资比为

$$[(11446.81 - 5000) \div 5000] \times 100\% = 129\%$$

如果考虑 5000 元的时间价值,则开发新闻发布系统的收益/投资为

$$[(11446.81 - 5000) \div 5796.37] \times 100\% = 111\%$$

③ 投资回收周期。所谓投资回收周期,就是工程累计经济效益等于最初投资所需要的时间。显然,投资回收周期越短,获得利润的速度越快,这项工程也就越值得投资。

例如,使用新闻发布系统两年节省 4785.67 元,比最初投资额 5000 元少了 214.33 元,第三年再次节省 2293.58 元,则 214.33÷2293.58=0.09(年),2+0.09=2.09(年),因此这项工程的投资回收周期是 2.09 年。

3. 社会因素方面的可行性

社会因素主要考虑法律与使用方面的问题。

(1) 法律可行性。法律可行性是指分析软件的开发是否会侵犯他人、集体或国家的利益,是否存在侵权行为,是否会违反《中华人民共和国著作权法》《计算机软件保护条例》《中华人民共和国网络安全法》等国家的法律法规。

(2) 使用可行性。使用可行性是指分析软件的操作方式在这个用户组织内是否行得通,例如,是否违背用户单位的管理制度,用户的人员素质和现有环境是否满足要求等。

📖 法律课堂

下面介绍全国首例微信小程序侵犯著作权罪案件。昆山某公司盗取福建某公司微信小程序源代码,修改后制作6款小程序,通过社交软件运营非法牟利,非法经营额约25万元。经福建中证司法鉴定中心鉴定,上述6款微信小程序与权利人拥有著作权的计算机软件程序的核心文件代码构成实质性相似。经福建省版权局认定,上述6款微信小程序为"未经著作权人许可"复制并发行的计算机程序。

2022年,法院以侵犯著作权罪判处刘某某等有期徒刑八个月至一年六个月不等,并处罚金80万~120万元。

启示:本案被告人以盈利为目的,擅自"复制"他人微信小程序的源代码并植入广告,公开进行信息的网络传播,系属"未经著作权人许可",通过信息网络公开传播他人计算机软件的行为,应承担相应的刑事责任。市场主体应当正确认识剽窃他人作品的法律风险,杜绝侥幸心理,自觉维护版权市场秩序。

3.3.2 可行性研究的步骤

可行性研究的主要步骤如下。

1. 确定系统的规模和目标

系统分析员对关键人员进行调查访问,仔细阅读和分析有关的材料,对系统的规模和目标进行定义与确认,清晰地描述系统的一切限制和约束,确保系统分析员正在解决的问题确实是要解决的问题。

2. 研究正在使用的系统

系统分析员收集、研究、分析现有系统的文档资料,实地考察现有系统,在考察的基础上访问有关人员,然后描述现有系统的高层系统流程图,与有关人员一起审查该系统流程图是否正确。这个系统流程图反映了现有系统的基本功能和处理流程。

3. 建立新系统的高层逻辑模型

根据对现有系统的分析研究,系统分析员逐步明确了新系统的功能、处理流程以及所受的约束,然后使用建立逻辑模型的工具——数据流图来概括地描述数据在系统中的流动和处理情况。现在还没到软件需求分析阶段,此时的数据流图不需要细化。

4. 导出和评价各种方案

系统分析员建立了新系统的高层逻辑模型之后,要从技术角度出发,提出实现高层逻辑模型的不同方案,即导出若干较高层次的物理解法。根据技术可靠性、经济可行性、社会可行性对各种方案进行评估,去掉行不通的解法,就得到了可行的解法。

5. 推荐可行的方案

根据上述可行性研究的结果，应该决定该系统是否值得去开发。若值得开发，那么应确认可行的解决方案是什么，并且说明该方案可行的原因和理由。要求系统分析员对推荐的可行方案进行成本—效益分析。

6. 编写可行性研究报告

将可行性研究过程的结果写成相应的文档，即可行性研究报告，提醒用户和使用部门仔细审查，从而决定该系统是否进行开发，是否接受可行的实现方案。

3.3.3 可行性研究的结果

可行性研究最终得出的结果是可行性研究报告，《计算机软件文档编制规范》(GB/T 8567—2006)要求可行性研究报告的主要内容如下。

1. 引言

引言具体包括标识、背景、目标概述和文档概述。

2. 引用文件

引用文件列出参考的相关文件。

3. 可行性研究的前提

可行性研究的前提具体包括项目的要求，项目的目标，项目的环境、条件、假定和限制，进行可行性研究的方法。

4. 可选的方案

可选的方案具体包括原有方案的优缺点、局限性及存在的问题，可重用的系统，与要求之间的差距，可选择的系统方案，可选择的系统方案和选择最终方案的准则。

5. 所建议的系统

所建议的系统具体包括对所建议系统的说明，数据流程和处理流程，与原系统的比较（若有原系统），设备、软件、运行、开发、环境和经费方面的要求，局限性。

6. 经济可行性（成本—效益分析）

经济可行性具体包括投资，预期的经济效益（包括一次性收益、非一次性收益、不可定量的收益、收益/投资比和投资回收周期）和市场预测。

7. 技术可行性

技术可行性包括技术实力、已有工作基础、设备条件等内容。

8. 法律可行性

法律可行性是指系统开发可能导致的侵权、违法和责任。

9. 用户使用的可行性

用户使用的可行性具体包括用户单位的行政管理、工作制度和使用人员的素质。

10. 其他与项目有关的问题

可行性研究报告首先由项目负责人审查,再上报给上级主管审阅。应当从可行性研究中得出"行或不行"的结论。

3.4 可行性研究工具——系统流程图的使用

在可行性研究阶段需要抽象出现有系统的模型,通过改进确定新系统的模型。这些高层逻辑模型一般使用系统流程图和数据流图来表达。本节主要学习系统流程图的知识,有关数据流图的知识将在任务 4 中进行学习。

在进行可行性研究时需要以概括的形式表达对现有系统的认知,需要描绘新系统的概貌。

系统流程图(system flowchart)是描述系统物理模型的一种传统工具,它的基本思想是用图形符号以黑盒子形式描述系统内部的主要成分(如人工处理过程、数据处理、数据库、文件、设备等),表达信息在各个成分之间的流动的情况。

制作系统流程图的过程是系统分析员全面了解系统业务处理概况的过程。系统流程图是系统分析员作进一步分析的依据,也是系统分析员、管理人员、业务操作人员相互交流的工具,还可以用来分析业务流程的合理性。

1. 系统流程图的符号

常用的系统流程图的符号如表 3-2 所示。

表 3-2 常用的系统流程图的符号

符 号	名 称	说 明
▭	处理	能改变数据值或数据位置的加工或部件,例如,程序、处理机、人工加工等都是处理
▱	输入/输出	表示输入或输出(或既输入又输出),是一个广义的不指明具体设备的符号

续表

符号	名称	说明
○	连接	指出转到图的另一部分或从图的另一部分转来,通常在同一页上
⬟	换页连接	指出转到另一页图上或由另一页图转来
→	数据流	用来连接其他符号,指明数据流动方向
▱	文档	通常表示打印输出,也可以表示用打印终端输入数据
▢	联机处理	表示任何类型的联机存储,包括磁盘、软件和海量存储器件等
⌬	磁盘	磁盘输入/输出,也可表示存储在磁盘上的文件和数据库
▱	显示	CRT 终端或类似的显示部件,可用于输入或输出,也可既输入又输出
▱	人工输入	人工输入数据的联机处理,例如,填写表格等
▱	人工操作	人工完成的处理,例如,会计在工资汇票上签名
▭	辅助操作	使用设备进行的脱机操作
ϟ	通信链路	通过远程通信线路或链路传送数据

2. 系统流程图的画法

系统流程图的习惯画法是使信息在图中自顶向下或自左向右流动。

面对复杂的系统时,一个比较好的方法是分层次地描绘这个系统。首先用一张高层次的系统流程图描绘系统总体概貌,表明系统的关键功能,然后分别把每个关键功能扩展到适当的详细程度画在单独的一页纸上。这种分层次的描绘方法便于阅读者按从抽象到具体的过程逐步深入地了解一个复杂的系统。

【实例 3-4】 用系统流程图描述某图书馆读者借书流程。

某图书馆读者借书流程为:读者持借书卡经过验证后进入图书查询室,利用图书查询终端检索图书数据库来查找所需图书。找到图书后,填写借书单并到服务台借书。图书管理员从书库取出图书交予读者。借书流程图如图 3-1 所示。

3. 新闻发布系统流程图

后台管理流程图如图 3-2 所示。

如图 3-2 所示的后台管理流程图还可以进一步细化,如添加新闻栏目流程图、修改栏目流程图、删除栏目流程图等。

图 3-1 借书流程图　　　　　图 3-2 后台管理流程图

3.5　制订软件开发计划

经过可行性论证后,对于值得开发的项目,就要制订软件开发计划,写出软件开发项目计划。软件开发项目计划是项目策划活动核心输出文档,它包括计划书主体和以附件形式存在的其他相关计划,如配置管理计划等。软件开发项目计划的编制参考《计算机软件文档编制规范》(GB/T 8567—2006)中软件项目开发计划的要求。各企业在建立 ISO 9001 质量管理体系或 CMM 过程中也会建立相应的《软件开发项目计划书规范》。

软件开发项目计划主要内容如下。

(1) 系统概述。

(2) 文档概述。概述本文档的用途和内容,并描述与其使用有关的保密性和私密性的要求。

(3) 交付产品。具体内容包括程序、文档、服务、非移交产品、验收标准和最后交付期限。

(4) 所需工作概述。

（5）实施整个软件开发活动的计划。具体内容包括软件开发过程，软件开发总体计划（包括软件开发方法、软件产品标准、可重用的软件产品、处理关键性需求、计算机硬件资源利用等）。

（6）实施详细软件开发活动的计划。

（7）进度表和活动网络图。

（8）项目组织和资源。

（9）培训。

（10）项目估算。

（11）风险管理。

（12）支持条件。

3.6 习　　题

1. 简答题

可行性研究的任务是什么？具体包括哪些方面？

2. 操作题

（1）画出目标系统的总系统流程图。

（2）对自选项目进行可行性研究，以项目组为单位提交项目可行性研究报告。注意可行性研究报告的结构和写法，参考案例和《计算机软件文档编制规范》(GB/T 8567—2006)中"可行性研究报告"的编写方法。

（3）制订自选项目软件开发计划，编写软件开发项目计划。

3. 阅读题

课后阅读《中华人民共和国著作权法》《计算机软件保护条例》《中华人民共和国网络安全法》。

任务 4 新闻发布系统需求分析与建模

- 能力目标
  - 能够阅读和理解一个现有系统的规格说明,并根据需要扩展新的需求。
  - 能够参照公司文档规范,编写格式正确的软件需求规格说明。
  - 能够使用 Rose、Visio 等建模工具为简单项目进行建模。
  - 能够使用 E-R 图、数据流图和数据字典为简单项目建模。
- 知识目标
  - 掌握用户访谈的基本方法。
  - 掌握系统用例建模的方法、类图、用例图、活动图的画法。
  - 掌握软件需求规格说明的一般格式内容。
  - 掌握 E-R 图、数据流图和数据字典的基本知识。

任务导入

当项目计划完成之后,软件项目就进入了下一个重要的阶段,即软件需求分析阶段。需求分析的基本任务是完全弄清用户对系统的确切要求。

为了开发出真正满足用户需求的软件产品,首先必须知道用户的需求。对软件需求的深入理解是软件开发工作获得成功的前提和关键,不论把设计和编码工作做得如何出色,不能真正满足用户需求的程序只会给用户带来失望,给开发者带来烦恼。

软件需求分析阶段要求使用软件需求规格说明书来表达用户对系统的要求。软件需求规格说明书既可用文字方式表示,也可用图形表示。

常用的需求分析的方法有面向数据流的结构化分析方法(structured analysis,SA)和面向对象分析方法等。本任务主要以新闻发布系统需求分析为例,介绍需求分析的任务、步骤和需求分析方法(面向数据流的结构化分析方法和面向对象分析方法)。

任务清单

(1) 进行目标系统用例建模。
(2) 画出新闻发布系统数据流图。

(3) 写出新闻发布系统数据字典。
(4) 编写软件需求规格说明。

4.1 案例——新闻发布系统产品需求规格说明

需求规格说明是为了开发新闻发布系统而编写的,主要面向系统分析员、程序员、测试员、实施员和最终用户。

需求规格说明是整个软件开发的依据,它对以后阶段的工作起指导作用,也是项目完成后系统验收的依据,同时本说明还是用户手册和测试计划的编写依据。

本文档包含的内容有产品介绍、产品面向的用户群体、产品应当遵循的标准或规范、产品的范围、产品中的角色、产品的功能性需求、产品的非功能性需求和需求确认。

4.1.1 系统说明

1. 系统介绍

新闻发布系统是将网页上的某些需要经常变动的信息,类似新闻等更新信息集中管理,并通过信息的某些共性进行分类,最后系统化、标准化发布到网站上的一种网站应用程序。

网站信息通过一个操作简单的界面加入数据库,然后通过已有的网页模板格式与审核流程发布到网站上。

2. 系统中的用户与角色

新闻发布系统的用户与角色职责见表4-1。

表4-1 用户与角色职责

角色名称	职责描述
系统管理员	维护新闻栏目和类别信息,包括栏目和类别信息的添加、修改、删除、浏览等功能;维护新闻信息,包括新闻信息的添加、修改、删除、查询浏览等功能
普通用户	浏览查看新闻

4.1.2 功能性需求

1. 功能性需求分类

新闻发布系统的功能性需求分类见表4-2。

表 4-2 功能性需求分类

功能	用例名称、标识符	概述
用户登录	用户登录	根据用户填写的用户名和密码发送连接请求。连接成功后登录数据库,服务器对用户的身份进行验证
新闻栏目管理	添加栏目	填写新增新闻栏目信息,向服务器发送添加新闻栏目信息的请求,添加一个新闻栏目
	删除栏目	向服务器发送删除新闻栏目信息的请求,删除新闻栏目信息
	修改栏目	向服务器发送修改新闻栏目信息的请求,修改新闻栏目信息
新闻类别管理	添加类别	填写新增新闻类别信息,向服务器发送添加新闻类别信息的请求,添加一个新闻类别
	删除类别	向服务器发送删除新闻类别信息的请求,删除新闻类别信息
	修改类别	向服务器发送修改新闻类别信息的请求,修改新闻类别信息
新闻管理	查看新闻	向服务器发送查看新闻信息的请求,显示新闻信息
	添加新闻	填写新增信息内容,向服务器发送添加新闻信息的请求,添加一条新闻
	删除新闻	向服务器发送删除新闻信息的请求,删除新闻信息
	修改新闻	向服务器发送修改新闻信息的请求,修改新闻信息

2. 用例图

新闻发布系统用例图如图 4-1 所示。

图 4-1 新闻发布系统用例图

3. 用例描述

(1)"用户登录"用例。"用户登录"用例描述见表 4-3。

表 4-3 "用户登录"用例描述

用例编号：UC01。
用例名称：用户登录。
用例描述：本用例的功能主要是向服务器发送连接请求，并向服务器提供验证所需要的用户名和密码。
参与者：用户。
前置条件：以合法身份登录操作系统，输入登录网址。
事件流：
一、基本流
 (一)用户输入用户名、密码。
 (二)单击"登录"按钮，请求登录。
 (三)客户端程序检查用户填写的内容是否合法(具体要求请参照特殊需求)，如果未通过检查，则转向备选流 1。
 (四)服务器接收请求，连接成功。
 (五)服务器验证用户名和密码，如果验证没有通过，转向备选流 2。
 (六)验证通过，显示后台管理主界面。
 (七)用例结束。
二、备选流
 (一)备选流 1
  1. 如果客户端验证没有通过。例如，没有输入用户名，应提示"用户名不能为空！"。
  2. 用户返回基本流。
 (二)备选流 2
  1. 如果用户身份没有通过服务器验证，将返回"用户名或者密码有误！"的消息。
  2. 用户返回基本流。
特殊要求：
1. 用户名字符的位数：8～10，必填。
2. 密码字符的位数：6～10，必填，并以掩码"＊"显示。
后置条件：用户登录成功，显示后台管理主界面。

(2)"新闻类别管理"用例。"新闻类别管理"用例描述见表 4-4。

表 4-4 "新闻类别管理"用例描述

用例编号：UC02。
用例名称：新闻类别管理。
用例描述：本用例的功能主要是提交更新新闻类别信息的请求，完成新闻类别信息的更新操作。
参与者：系统管理员(后台用户)。
前置条件：系统管理员登录成功。
事件流：
一、基本流
 (一)用户请求新闻类别信息管理。
 (二)系统显示所有新闻类别信息列表。
 (三)用户可以选择要操作的新闻类别。
 (四)系统显示其选择的新闻类别名称、新闻描述等信息。
 (五)根据用户的选择，系统执行以下的操作。
  1. 用户选择删除操作，系统执行删除新闻类别信息子流，转向子流 1。
  2. 用户选择添加操作，系统执行添加新闻类别信息子流，转向子流 2。
  3. 用户选择修改操作，系统执行修改新闻类别信息子流，转向子流 3。

续表

(六)用例结束。
    1.子流1   删除新闻类别信息子流
    (1)系统显示用户所选择的新闻类别信息。
    (2)用户选择删除操作。
    (3)系统检查用户所选择的新闻类别下面是否有新闻,产生以下两种情况。
        ① 新闻类别下有新闻,提示用户是否连新闻信息一同删除。
        ② 新闻类别下没有新闻,则直接删除该新闻类别,删除失败转向备选流1。
    (4)返回基本流(五)。
    2.子流2   添加新闻类别信息子流
    (1)系统显示添加新闻类别信息输入页面。
    (2)用户可以进行以下两种操作。
        ① 用户选择取消,返回基本流(五)。
        ② 用户输入新闻类别信息,并确认操作,输入信息不符合则转向备选流2。
    (3)系统保存用户输入的信息。
    (4)返回基本流(五)。
    3.子流3   修改新闻类别信息子流
    (1)系统显示用户要修改的新闻类别信息。
    (2)用户输入要修改的新闻类别信息,并确认操作。
    (3)系统则提示用户是否确认修改。
    (4)用户可以进行以下两种操作。
        ① 用户选择取消,返回基本流(五)。
        ② 用户确认修改,系统则提交修改信息,输入信息不符合则转向备选流2。
    (5)返回基本流(五)。

二、备选流
(一)备选流1
    1.如果新闻类别信息删除失败,系统向用户提示删除信息失败。
    2.用户确认后返回基本流(五)。
(二)备选流2
    1.用户输入新闻类别信息不符合要求,则系统提示用户输入的信息要符合系统要求。
    2.用户确认后返回到添加新闻类别信息子流2。
    3.如果新闻类别信息添加失败,则系统向用户提示"新闻类别信息添加失败,请与管理人员联系"的信息。
    4.用户确认,用例结束。
(三)备选流3
    1.用户输入的要修改的新闻类别信息不符合要求,则系统提示用户输入的信息要符合系统要求。
    2.用户确认后返回到修改新闻类别信息子流3。
    3.如果新闻类别信息修改失败,则系统向用户提示"新闻类别信息修改失败,请与管理员联系"的信息。
    4.用户确认,用例结束。

特殊要求:
    1.添加新闻类别信息时新闻类别名称不能为空。
    2.修改新闻类别信息时新闻类别名称不能为空。
后置条件:新闻类别信息添加和修改以后,将修改后的结果显示在Web界面上。

(3)"新闻管理"用例。"新闻管理"用例描述见表4-5。

表 4-5　"新闻管理"用例描述

用例编号：UC03。
用例名称：新闻信息维护。
用例描述：本用例的功能主要是提交更新新闻信息的请求,完成新闻信息的更新操作。
参与者：系统管理员(后台用户)。
前置条件：系统管理员登录成功。
事件流：
一、基本流
　　(一) 用户请求新闻信息管理。
　　(二) 系统显示所有新闻信息列表。
　　(三) 用户可以选择要操作的新闻。
　　(四) 系统显示其选择的新闻名称、新闻描述等信息。
　　(五) 根据用户的选择,系统执行以下的操作。
　　　　(1) 用户选择删除操作,系统执行删除新闻信息子流,转向子流1。
　　　　(2) 用户选择添加操作,系统执行添加新闻信息子流,转向子流2。
　　　　(3) 用户选择修改操作,系统执行修改新闻信息子流,转向子流3。
　　(六) 用例结束。
　　1. 子流1　删除新闻信息子流
　　(1) 系统显示用户所选择的新闻信息。
　　(2) 用户选择删除操作,删除失败则转向备选流1。
　　(3) 返回基本流(五)。
　　2. 子流2　添加新闻信息子流
　　(1) 系统显示添加新闻信息输入页面。
　　(2) 用户可以进行以下两种操作。
　　　　① 用户选择取消,返回基本流(五)。
　　　　② 用户输入新闻信息,并确认操作,输入信息不符合则转向备选流2。
　　(3) 系统保存用户输入的信息。
　　(4) 返回基本流(五)。
　　3. 子流3　修改新闻信息子流
　　(1) 系统显示用户要修改的新闻信息。
　　(2) 用户输入要修改的新闻信息,并确认操作。
　　(3) 系统则提示用户是否确认修改。
　　(4) 用户可以进行以下两种操作。
　　　　① 用户选择取消,返回基本流(五)。
　　　　② 用户确认修改,系统则提交修改信息,输入信息不符合则转向备选流3。
　　(5) 返回基本流(五)。
二、备选流
　　(一) 备选流1
　　　　1. 如果新闻信息删除失败,系统向用户提示删除信息失败。
　　　　2. 用户确认后返回基本流(五)。
　　(二) 备选流2
　　　　1. 用户输入新闻信息不符合要求,则系统提示用户输入的信息要符合系统要求。
　　　　2. 用户确认后返回到添加新闻信息子流2。
　　　　3. 如果新闻信息添加失败,则系统向用户提示"新闻信息添加失败,请与管理人员联系"的信息。
　　　　4. 用户确认,用例结束。

续表

（三）备选流3
    1. 用户输入的要修改的新闻信息不符合要求，则系统提示用户输入的信息要符合系统要求。
    2. 用户确认后返回到修改新闻信息子流3。
    3. 如果新闻信息修改失败，则系统向用户提示"新闻信息修改失败，请与管理员联系"的信息。
    4. 用户确认，用例结束。
特殊要求：
1. 添加新闻信息时新闻名称不能为空。
2. 修改新闻信息时新闻名称不能为空。
后置条件：新闻信息添加和修改以后，将修改后的结果显示在Web界面上。

4.1.3 非功能性需求

在这一部分应对所有的软件非功能性需求进行足够详细的描述。详尽程度应以足够软件设计人员进行概要设计和系统测试人员进行系统测试计划与编写测试用例为准。

1. 技术需求

（1）软硬件环境需求。

服务器操作系统：Windows Server 2003 或者 Windows Server 2008。

Web 服务器：Tomcat 9.0 或以上版本。

数据库：MySQL 8.0 或以上版本。

运行时内存要求：512MB 以上。

安装所需硬盘空间：100MB 以上。

（2）性能需求。

① 反应速度快。在正常的网络环境下，应能够保证系统的及时响应。小批量的业务处理的响应时间在3～8s；大批量的业务处理和查询的响应时间控制在30～40s。

② 操作简便。发布信息简单容易、快捷；操作应该方便、灵活。

（3）安全保密需求。本系统的系统架构，以及权限机制可以保证系统的安全性。

首先，从系统架构看，本系统采用B/S结构，从而使服务器数据源与客户端分离，保证了数据的物理独立性；其次，本系统的用户权限机制通过角色的定义管理实现，通过定义某些角色能进行的操作权限和定义用户拥有的角色，限定用户的操作权限，实现对用户的授权。

2. 质量需求

（1）可用性。可用性包括用户使用的方便性、易用性和易学习性。例如：

① 输入的合法性检查和值域检查。

② 对于复杂的动作要有必要的提示信息。

③ 记忆用户的设置或操作习惯，方便用户操作。

④ 对系统或数据进行重大修改,要有用户确认。

(2) 可靠性和健壮性。在这一部分应对所有的影响软件的可靠性需求进行足够详细的描述。应注意用数字说明所要求的可靠程度。

例如,使用年正常运行时间、月正常运行时间、维护时间等来说明系统的可靠程度;使用可允许的缺陷数量来界定系统质量,如最大缺陷数量、缺陷比例、安全操作——系统强壮性要求和操作的有效性要求。比如,用户误操作的系统容错能力、操作的正常次序要求和有效性输入检查等。

(3) 可维护性和可扩展性。(略)

3. 文档需求

交付验收时需交付的文档清单如下。
① 软件需求规格说明。
② 软件项目开发计划。
③ 概要设计说明。
④ 详细设计说明。
⑤ 软件测试计划。
⑥ 测试用例。
⑦ 配置管理计划。
⑧ 用户手册。

4. 设计约束

详细说明对系统的设计局限性。设计局限的定义代表了对系统要求的决策,这可能出于商务运作、资金、人员、时间等多方面的综合考虑,从而指导软件的设计和开发。例如,软件的开发语言、开发环境、开发工具、第三方软件、硬件使用以及网络设备等。

(1) 语言约束。本系统是基于中文系统环境开发和使用的,系统必须支持中文处理。

(2) 系统模型约束。本系统采用 Servlet+JSP 模型,在保证实现技术简单易维护的基础上,实现表现层和业务逻辑层的分离,提高可重用性、可移植性。

5. 验收标准

新闻发布系统验收标准如下。
(1) 实现所有功能需求。
(2) 满足非功能性需求。
(3) 系统设计文档完整,且符合规范。
(4) 代码符合规范,且与系统设计一致。

此要求将作为验收测试计划和测试的基线。如果所开发的产品能满足此要求,则项目可结束并由客户方按合同规定付款。

4.2 需求分析任务、步骤和方法

需求分析的任务是明确用户对系统的确切要求。需求分析阶段的依据是可行性研究阶段产生的文档。可行性研究阶段已经确定了系统必须完成的基本功能,在需求分析阶段,分析员应将这些功能进一步具体化。需求分析的结果则是软件需求规格说明,在需求结束时必须对软件需求进行严格的审查,以确保软件产品的质量。

4.2.1 需求获取

1. 需求获取方法

首先成立联合分析小组。需求分析需要多方面人员的参与,如用户、系统分析员、领域专家等。需求获取方法一般有问卷法、面谈法、情景分析法、简易的应用规格说明技术和基于模型的知识获取法等。

(1) 访谈。访谈(或称为会谈)是最早开始运用的获取用户需求的技术,也是迄今为止仍然广泛使用的主要需求分析技术。

访谈有两种基本形式,即正式的访谈和非正式的访谈。在正式的访谈中,系统分析员将提出一些事先准备好的具体问题,例如,询问客户公司销售的商品种类、雇用的销售人员数目以及信息反馈时间应该多快等。在非正式的访谈中,将提出一些可以自由回答的开放性问题,以鼓励被访问的人员表达自己的想法,例如,询问用户为什么对目前正在使用的系统感到不满意。访谈应做好准备工作,遵循循序渐进、逐步逼近的原则,切不可急于求成。

(2) 情景分析法。在对用户进行访谈的过程中使用情景分析法往往非常有效。所谓情景分析,就是对用户运用目标系统解决某个具体问题的方法和结果进行分析。

情景分析的用处主要体现在下述两个方面。

① 它能在某种程度上演示产品的行为,从而便于用户理解,而且可能进一步揭示出一些系统分析员目前还不知道的需求。

② 由于情景分析较易为用户所理解,因此,使用这种技术能保证用户在需求分析过程中始终扮演一个积极主动的角色。需求分析的目标是了解用户的真正需求,而这一信息的唯一来源是用户,因此,让用户起积极主动的作用对需求分析工作获得成功是至关重要的。

(3) 简易的应用规格说明技术。使用传统的访谈技术定义需求时,用户和开发者往往有意无意地区分"我们和他们"。由于不能做到像同一支团队的人那样同心协力地识别和精化需求,这种方法的效果有时并不理想(经常发生误解,还可能遗漏重要的信息)。

为了解决上述问题,人们研究出了一种面向团队的需求收集法,称为简易的应用规格说明技术。这种方法提倡用户与开发者密切合作,共同标识问题,提出解决方案的要素,商讨不同的方法并指定基本的需求。今天,简易的应用规格说明技术已经成为信息系统界使用的主流技术。

尽管存在许多不同的简易应用规格说明技术,但是它们遵循的基本准则是相同的,如下所述。

① 在中立地点举行由开发者和用户双方出席的会议。

② 制定准备会议和参加会议的规则。

③ 提出一个议事日程,这个日程应该足够正式以便能够涵盖所有要点,同时这个日程又应该足够非正式,以便鼓励自由思维。

④ 由一个"协调人"来主持会议,他既可以是用户也可以是开发者还可以是从外面请来的人。

⑤ 使用一种"定义机制"(如工作表、图表等)。

⑥ 目标是标识问题、提出解决方案要素、商讨不同的方法以及在有利于实现目标的氛围中指定初步的需求。

需求获取的关键是通过与用户的沟通和交流,收集和理解用户的各项要求。在需求获取的过程中,软件人员与用户之间最常见的交流方式就是会议和访谈,由于双方的领域知识不同,经常会遇到误解、交流障碍、需求不全、意见冲突等情况。解决这些问题应该从两个方面入手,一是提高分析人员的知识技能,使其不仅具备较高的技术水平和丰富的实践经验,还要具备一定的业务基础知识和较强的人际交往能力;二是开展大量的调查研究工作,包括用户访谈、现场考察、专家咨询、会议讨论等,并对大量的一手资料进行分析和整理,从而清楚地理解用户需求。

2. 确定目标系统的具体要求

(1)确定目标系统的运行环境要求。系统运行所要求的各种条件,包括硬件环境和软件环境。硬件环境如计算机的 CPU、内存、硬盘等的要求;软件环境如操作系统、数据库管理系统、应用服务器、浏览器等的要求。

(2)确定目标系统的功能性需求。确定目标系统必须具备的所有详细功能。

(3)确定目标系统的非功能性需求。确定目标系统的可用性、可靠性、可移植性、性能等方面的要求。

① 可用性。可从易学、易用、用户满意三个指标评价。

② 可靠性。可从安全性、稳定性、事务性三个指标评价。

③ 可移植性。可移植性是指与软件从某一环境转移到另一环境下的难易程度。

④ 性能。关注软件在完成其功能时所展现出来的及时性。评价性能的主要指标有响应时间、吞吐量、并发用户数、资源利用率等。

- 响应时间是指系统对请求做出响应的时间。
- 吞吐量是指系统在单位时间内处理请求的数量。
- 并发用户数是指系统可以同时承载的正常使用系统功能的用户数量。
- 资源利用率反映的是一段时间内资源平均被占用的情况。

4.2.2 需求建模

建立目标系统的逻辑模型(结构化需求模型或面向对象需求模型)。为了更好地理解问题,人们常常采用建立模型的方法。所谓模型,就是为了理解事物而对事物做出的一种抽象,是对事物的一种无歧义的书面描述。通常,模型由一组图形符号和组织这些符号的规则组成。

传统的结构化分析方法需要建立的需求模型有数据模型(数据字典、实体关系图)、功能模型(数据流图)和动态模型(状态转换图)。

面向对象分析需要建立的需求模型有用例模型、每个用例的详细描述、术语表(所用到的术语说明)和补充规约(非功能性需求的说明)。

面向对象分析建模和结构化分析建模详见本任务后续内容。

4.2.3 需求描述

需求分析阶段除了建立模型外,还需要编写软件需求规格说明,精确地阐述一个软件系统必须提供的功能、性能以及它所要考虑的限制条件。软件需求规格说明不仅是系统测试和用户文档的基础,也是所有子系列项目规划、设计和编码的基础。

(1) 软件需求规格说明是用户、分析人员和设计人员之间进行理解与交流的手段。

(2) 测试人员可以根据软件需求规格说明中对产品行为的描述,制订测试计划、测试用例和测试过程。

(3) 文档人员根据软件需求规格说明和用户界面设计,编写用户手册等。

(4) 软件需求规格说明指导着整个系统的开发过程,评审过的软件需求规格说明需要进行变更控制。

软件需求规格说明是软件项目开发过程的重要过程文档,应该格式正确。《计算机软件文档编制规范》(GB/T 8567—2006)要求软件需求规格说明应该包含以下主要内容。

① 范围。

② 引用文档。

③ 需求。具体内容包括所需的状态和方式、需求概述、需求规格、计算机软件配置项(CSCI)能力需求、CSCI外部接口需求、CSCI内部接口需求、CSCI内部数据需求、适应性需求、保密性需求、保密性和私密性需求、CSCI环境需求、计算机资源需求、软件质量因素、设计和实现的约束、数据、操作、故障处理、算法说明、有关人员需求、有关培训需求、有关后勤需求、包装需求等。

④ 合格性规定。

⑤ 需求可追踪性。软件需求规格说明有时附上可执行的原型、测试用例和初步的用户手册。

4.2.4 需求验证

需求验证是为了确保需求说明准确、完整地表达必要的质量特点。当阅读软件需求规格说明时,可能觉得需求是对的,但实现时很可能会出现问题。当以软件需求规格说明为依据编写测试用例时,可能会发现说明中的二义性,而所有这些都必须改善,因为软件需求规格说明要作为设计和最终系统验证的依据。

1. 软件需求规格说明的质量特性

(1) 正确性。软件需求规格说明对系统功能、行为、性能等的描述必须与用户的期望相吻合,代表了用户的真正需求。

(2) 完整性。软件需求规格说明应该包括软件要完成的全部任务,不能遗漏任何必要的需求信息,注重用户的任务而不是系统的功能将有助于避免不完整性。

(3) 一致性。软件需求规格说明对各种需求的描述不能存在矛盾,如术语使用冲突、功能和行为特性方面的矛盾以及时序上的不一致等。

(4) 无二义性。软件需求规格说明中的描述对所有人都只能有一种明确统一的解释,由于自然语言极易导致二义性,所以尽量把每项需求用简洁明了的用户性的语言表达出来。

(5) 可修改性。软件需求规格说明的格式和组织方式应保证后续的修改能够比较容易和协调一致。可以使用软件工具,或者使用目录表、索引和相互参照列表等方法使软件需求规格说明更容易修改。

(6) 可跟踪性。可跟踪性意味着每项需求都能与其对应的来源、设计、源代码和测试用例联系起来。

(7) 可验证性。软件需求规格说明中描述的需求都可以运用一些可行的手段对其进行验证和确认。

2. 需求验证的方法

(1) 审查需求文档。对需求文档进行正式审查是保证软件质量的有效方法。组织一个由不同代表(如分析人员、客户、设计人员、测试人员)组成的小组,对 SRS 及相关模型进行仔细的检查。

(2) 以需求为依据编写测试用例。根据用户需求所要求的产品特性写出黑盒功能测试用例。客户通过使用测试用例以确认是否达到了期望的要求,从测试用例追溯回功能需求以确保没有需求被疏忽,并且确保所有测试结果与测试用例相一致。同时,要使用测试用例来验证需求模型的正确性,如对话框图和原型等。

(3) 编写用户手册。在需求开发早期即可起草一份用户手册,用它作为软件需求规格说明的参考并辅助需求分析。

(4) 确定合格的标准。让用户描述什么样的产品才算满足他们的要求并适合他们使用,将合格的测试建立在使用情景描述或用例的基础之上。

许多软件开发人员都经历过在开发阶段后期或在交付产品之后才发现需求问题的情

况。在软件开发完成以后,回头修补需求的错误需要大量的时间和精力。根据研究表明,与在需求开发阶段由客户发现然后更正一个错误相比,在开发后期纠正这个错误需要多花 68~110 倍的时间。因此,对软件需求规格说明进行验证会节省相当多的时间和金钱。

需求验证是针对那些已编写成文档的需求,而对于那些存在于用户或开发人员思维中的没有表露的、含蓄的需求则不予验证。需求验证包括需求评审和需求测试两个部分,需求评审又包括正式的和非正式的两种形式。

非正式的评审可以根据个人爱好的方式进行评审,通常只是粗略的阅读和文档检查。而正式的评审则遵循预先定义好的一系列步骤过程,并且需要专门的评审小组来完成,小组人员涉及项目经理、分析人员、编写人员、开发人员和测试人员等。在规划评审过程和明确评审标准的前提下,评审小组需要阅读、解释和讨论软件需求规格说明中的每一项需求,验证软件需求规格说明的完整性、一致性、可修改性、可跟踪性等特征,同时需要记录备案。

显然,需求评审是一种有效的需求验证手段,但是仅阅读软件需求规格说明,通常很难想象在特定环境下的系统行为。因此,可以在用例模型为基础编写测试用例时进行检验,虽然没有在运行系统上执行测试用例,但是设计测试用例的过程可以解释需求的许多问题。如果在需求开发的早期就开始开发测试用例,那么就可以及早发现问题并以较少的费用解决这些问题。

4.3 面向对象需求分析

面向对象的分析方法就是运用面向对象的方法进行系统分析,强调运用面向对象的方法,对系统问题域和系统职责进行分析与理解,找出描述问题域及系统职责所需的对象,定义对象的属性、服务以及它们之间的关系,目标是建立一个符合系统问题域、满足用户需求的 OOA 模型。

具体来说,面向对象的分析过程如下。

(1) 获取系统需求,识别用例,建立用例图。

(2) 识别问题域对象和概念类,建立类图。首先,识别软件系统中的对象;其次,再识别对象所具有的相关属性和对象所具有的各种行为;再次,识别对象所属于的类;最后,根据对象的相关属性以及动作定义关键词。

(3) 分析用例的执行逻辑,建立用例的动态图。

4.3.1 建立用例模型

随着面向对象技术的发展,基于 UML 的需求分析会利用用例及用例图表示需求,在需求获取和建模方面应用得越来越普遍。这种方法是以任务为中心和以用户为中心的,比起使用以功能为中心的方法,它可以使用户更清楚地认识到新系统允许他们做什么。另外,用例有助于分析者和开发者理解用户的业务与应用领域,开发者还可以运用面向对象的设计方法将用例转化为对象模型。

在用例模型中，我们只是关心系统所应实现的功能，而不关心内部的具体实现细节。一般来说，用例模型的建立是由开发者和客户共同协商完成的，通过反复讨论软件需求规格说明达成共识，明确系统的基本功能，为后续阶段的工作打下基础。

1. 识别并描述参与者

参与者(actor)是在系统之外，通过系统边界与系统进行有意义交互的任何事物。通过确认系统功能使用者和维护者以及与系统接口的其他系统或硬件设备等，可以有效地识别出系统参与者。

（1）系统功能的使用者。

（2）从系统获得信息者。

（3）向系统提供信息者。

（4）系统需要访问（读/写）的那些外部硬件设备。

（5）系统的维护者和管理者。

（6）与该系统进行交互的其他系统。

（7）特殊参与者：系统时钟。

2. 识别用例

一个完整的系统包含若干个用例(use case)，每个用例具体说明应完成的功能。寻找用例时，可以针对每一个参与者从以下问题入手。

（1）参与者为什么要使用该系统。

（2）参与者是否会在系统中创建、修改、删除、访问和存储数据？如果是肯定回答，则要确定参与者又是如何完成这些操作的。

（3）参与者是否会将外部的某些事件通知该系统。

（4）系统是否会将内部的某些事件通知该参与者。

识别用例注意事项如下。

（1）用例必须是由某一个参与者触发而产生的活动，即每个用例至少应该涉及一个参与者。

（2）如果存在与参与者不进行交互的用例，需要将其并入其他用例，或者是检查该用例相对应的参与者是否被遗漏。

（3）每个参与者也必须至少涉及一个用例，如果发现有不与任何用例相关联的参与者存在，那么应该仔细考虑该参与者是如何与系统发生对话的，给参与者确定一个新的用例，否则该参与者可能是一个多余的模型元素，应该将其删除。

3. 绘制用例图

用例和参与者确定后，就可以据此画出用例图。

4. 描述用例

单纯地使用用例图不能提供用例所具有的全部信息，因此，需要使用文字描述那些不能反映在图形上的信息。用例描述(又叫用例规约)实际上是关于参与者与系统如何交互的规格说明,要求清晰明确,没有二义性。应该为每一个用例写一个用例描述。

用例描述模板如下。

```
用例编号
用例名称
用例描述
参与者
前置条件
事件流
    基本流
        事件 1
        事件 2
        ……
    备选流
        备选流 1
        备选流 2
特殊要求
……
后置条件
```

描述用例的事件流需要说明以下内容。

(1) 说明用例如何启动,即哪些参与者在何种情况下启动用例。

(2) 说明参与者与用例之间的信息处理过程。

(3) 说明用例在不同条件下可以选择执行的多种方案。

(4) 说明用例在什么情况下才能被视作完成。

事件流分为基本流和备选流两类。

(1) 基本流。描述该用例最正常的一种场景,系统执行一系列活动步骤来响应参与者提出的服务请求。描述格式要求如下。

① 每一个步骤都需要用数字编号以清楚地标明步骤的先后顺序。

② 用一句简短的标题来概括每一个步骤的主要内容。

③ 对每一个步骤,从正反两个方面来描述:参与者向系统提交了什么信息,对此系统有什么样的响应。

(2) 备选流。负责描述用例执行过程中异常的或偶尔发生的一些情况。备选流的描述格式可以与基本流的描述格式一致,也需要编号并以标题概述其内容。同时还需说明以下内容。

① 起点。该备选流从事件流的哪一步开始。

② 条件。在什么条件下会触发该备选流。

③ 动作。系统在该备选流下会采取哪些动作。

④ 恢复。该备选流结束之后,该用例应如何继续执行。

5. 细化用例模型

在一般的用例图中,只需表述参与者和用例之间的通信关联。除此之外,还可以描述:

① 参与者与参与者之间的泛化(generalization)。
② 用例和用例之间的包含(include)。
③ 用例和用例之间的扩展(extend)。
④ 用例和用例之间的泛化(generalization)。

利用这些关系来调整已有的用例模型，把一些公共的信息抽取出来复用，使得用例模型更易于维护。

建立用例模型是一种需求获取的有效方法，其简洁清晰的描述方式容易被软件人员和用户共同理解与接受。这种方法已经在许多大型系统的开发中取得成效，实践证明它能有效地解决用户参与的问题。用例模型以用户和任务为中心，将整个工作的焦点集中在从用户的角度说明系统能够干什么，完全不考虑具体的实现细节，从而达到准确地理解客户需求的目的。在用例模型中，参与者和用例是两个基本概念，分别代表着系统外部的执行者和系统应包含的功能。

4.3.2 绘制业务流程图

业务流程图(transaction flow diagram，TFD)就是用一些规定的符号及连线来表示某个具体业务处理过程。它是一种用尽可能少、尽可能简单的方法来描述业务处理过程的方法。由于它的符号简单明了，所以非常易于阅读和理解业务流程。但它的不足是对于一些专业性较强的业务处理细节缺乏足够的表现手段，它比较适用于反映事务处理类型的业务过程。

业务流程图的绘制是按照业务的实际处理步骤和过程进行的。

1. 业务流程图的基本符号及含义

业务流程图的基本符号及含义说明如图 4-2 所示。

图 4-2　业务流程图的基本符号及含义说明

2. 绘制新闻发布系统业务流程图

在绘制业务流程图之前，要对系统业务流程进行详细调查，并写出系统业务流程总结。

（1）普通用户登录业务流程图。普通用户登录业务流程描述如下。

用户填写用户名和密码，发送登录请求。服务器验证用户的用户名与密码。验证通过，进入新闻发布系统前台页面，否则显示错误提示信息(用户名或密码错误)，返回当前页面。普通用户登录业务流程图如图 4-3 所示。

(2)新闻类别管理业务流程图。新闻类别管理业务流程描述如下。

① 添加新闻类别信息,把新闻类别信息保存到数据库中。

② 修改新闻类别信息。首先读取数据库,显示新闻类别信息,然后修改选定的新闻类别信息,把修改结果保存到数据库中。

③ 删除新闻类别信息。首先读取数据库,显示新闻类别信息,然后删除选定的新闻类别信息,把结果保存到数据库中。

新闻类别管理业务流程图如图 4-4 所示。

图 4-3　普通用户登录业务流程图　　　图 4-4　新闻类别管理业务流程图

(3)新闻信息管理业务流程图。新闻信息管理业务流程描述如下。

① 添加新闻信息,把新闻信息保存到数据库中。

② 修改新闻信息。首先读取数据库,显示新闻信息,然后修改选定的新闻信息,把修改结果保存到数据库中。

③ 删除新闻信息。首先读取数据库,显示新闻信息,然后删除选定的新闻信息,把结果保存到数据库中。

新闻信息管理业务流程图如图 4-5 所示。

4.3.3　绘制活动图

活动图是 UML 中描述系统动态行为的图之一,描述系统为完成某项功能而执行的操作序列,它本质上是一种业务流程图。活动图用于对系统的动态行为建模,主要用于系统分析,它描述系统的行为,显示系统中动作之间的转移。活动图一般从开始节点开始,经过若干动作后,最后到达结束节点。

图 4-5　新闻信息管理业务流程图

在对一个系统建模时,通常有两种使用活动图的方式。
(1) 为工作流建模。
(2) 为对象的操作建模。

1. 活动图的建模技术

在系统建模过程中,活动图能够被附加到任何建模元素,以描述其行为,这些元素包括用例、类、接口、组件、节点、协作、操作和方法。
(1) 识别要对其工作流进行表述的类或对象。
(2) 确定工作流的初始状态和终止状态,明确工作流的边界。
(3) 对动作状态或活动状态进行建模。
(4) 对动作流进行建模。
(5) 对对象流进行建模。
(6) 对建立的模型进行精化和细化。

2. 绘制业务流程活动图

通过 UML 中的活动图,可以帮助我们进行用户业务流程建模,帮助我们站在用户的视角进行业务分析。

在业务流程建模中,我们关注的是用户进行某项业务的执行步骤。

【实例 4-1】　储户到银行 ATM 机取款的业务流程活动图如图 4-6 所示。

(1) 新闻发布系统用户登录活动图。根据新闻发布系统"用户登录"的用例描述而绘制的活动图如图 4-7 所示。

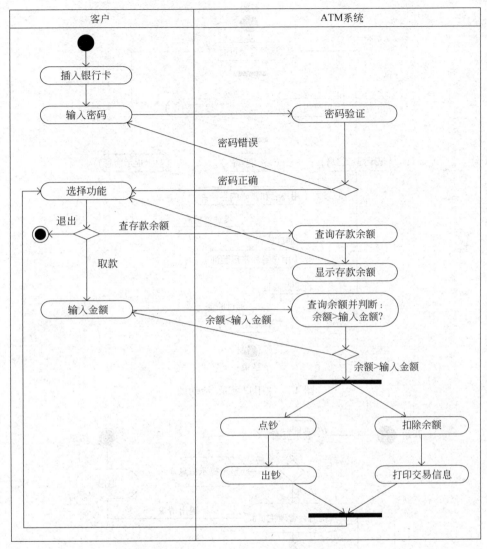

图 4-6 ATM 机取款业务流程活动图

（2）新闻发布系统添加新闻信息流程活动图。添加新闻信息流程活动图如图 4-8 所示。

（3）新闻发布系统新闻信息管理流程活动图。新闻信息管理流程活动图如图 4-9 所示。

4.3.4 绘制实体—联系图

实体—联系图（entity-relationship diagram，ERD）是描述数据库概念模型的有力工具，它独立于计算机硬件结构和数据库管理系统。实体—联系图是数据建模的基础，描述数据对象及其关系。实体—联系图中包含"实体""联系"和"属性"三个基本成分。

绘制实体—联系图

图 4-7 "用户登录"活动图

图 4-8 添加新闻信息流程活动图

图 4-9 新闻信息管理流程活动图

下面举例说明实体—联系图及其绘制方法。新闻发布系统数据库的实体—联系图参见"5.9 新闻发布系统数据库设计"部分。

1. 实体

实体是客观存在并可相互区别的事物。实体可以是具体的人、事、物，也可以是抽象的概念。例如，一个职工、一名学生、一门课程、一名教师等都是实体。在 E-R 图中，实体用矩形框表示，框内注明实体的名称。

2. 联系

联系就是指实体之间的关系，即实体之间的对应关系。联系用菱形框表示，框内注明联系名称，并用直线分别与有关实体连接起来，同时在直线旁标上联系的类型。例如，教师与课程间存在"教"这种联系，而学生与课程间则存在"学"这种联系。联系的类型可分为以下三种。

（1）一对一的联系（1∶1）。如一个班级只有一个班长，一个班长只属于一个班级，班长与班级之间为一对一的联系。

（2）一对多的联系（1∶n）。如一个班级有多名学生，一名学生只属于一个班级，班级与学生之间为一对多的联系。

(3) 多对多的联系($m:n$)。如一名学生可以选多门课,一门课可以被很多人选,学生与课程之间是多对多的联系。

3. 属性

属性是实体或联系所具有的某一特性。一个实体或联系可以由若干个属性来描述。例如,"读者"有卡号、姓名、电话、E-mail等属性;"图书"有编号、书名、出版社、作者、价格等属性;"借阅"有借出日期和归还日期属性等。属性用椭圆表示,在椭圆内注明属性名称,并用直线将其与相应的实体或联系连接起来。某图书管理系统数据库 E-R 图如图 4-10 所示。

图 4-10 某图书管理系统数据库 E-R 图

4.4 结构化分析方法

传统的软件工程方法学采用面向数据流的结构化分析(structured analysis,SA)方法完成需求分析工作。结构化分析方法使用简单易读的符号,根据软件内部数据传递、变更的关系,以"分解"和"抽象"为基本原则,按照自顶向下、逐层分解的分析策略,描绘满足功能要求的软件模型。

结构化分析实质上是一种建模活动,通常建立的模型有数据模型、功能模型和行为模型。模型能帮助分析员更好地理解软件系统的信息、功能和行为,从而使需求分析工作更容易完成,使需求分析的结果更系统化;模型是验证规格说明的完整性、一致性和准确性的重要依据;模型也是设计的基础,为设计者提供了软件的实质性表示,通过设计工作把这些表示转化成软件实现。

结构化分析方法适合于数据处理类型软件的需求分析,利用工具"实体—联系图""数据流图""状态图"和"数据字典"表达需求,简明易懂。其中,实体—联系图用于建立系统的数据模型;数据流图用于建立系统的功能模型;状态图(也称状态转换图)用于建立系统的行为模型;数据字典描述在数据模型、功能模型和行为模型中出现的数据对象与控制信息的特性,给出这些对象的精确定义,是分析模型的"核心"。在开发大型软件系统的过程中,数据字典的规模和复杂程度都迅速增加,通常需要使用 CASE 工具来创建和维护数据字典。

实体—联系图的内容前面已经介绍过了,状态图的内容参见任务 2 和任务 5 中的相关内容,本节主要学习数据流图和数据字典的知识。

4.4.1 绘制数据流图

数据流图(data flow diagram,DFD)是软件系统逻辑模型的图形表示,是结构化分析方法中使用的最主要的建模工具。它描绘信息流和数据在软件系统中从输入移动到输出的过程中所经历的变换。在数据流图中没有任何具体的物理元素,所以设计系统数据流图时不必考虑系统怎样实现这样的功能。

1. 数据流图的基本符号

数据流图有四种基本符号:正方形(或立方体)代表数据的源点或终点;圆角矩形(或圆形)代表变换数据的处理;开口矩形(或两条平行横线)代表数据存储;箭头代表数据流,即特定数据的流动方向,如图 4-11 所示。

图 4-11 数据流图的基本符号

2. 画数据流图的步骤

通常数据流图是分层绘制的,采用自顶向下、逐层分解的原则,直到功能细化为止,形成若干层次的数据流图。

(1) 先画顶层数据流图。顶层(也称第 0 层)DFD 称为基本系统模型,可以将整个软件系统表示为一个具有输入和输出的黑匣子,用一个圆角矩形或圆圈表示。顶层数据流图只有一张,说明系统总的输入(I)、输出(O)和处理功能(P)。

(2) 再画下层数据流图。上一层 DFD 中的每一个处理可以进一步扩展成一个独立的数据流图,以揭示系统中程序的细节部分。这种循序渐进的细化过程可以继续进行,直到最底层的图仅描述原子过程操作为止,如图 4-12 所示。

图 4-12　数据流图示例

3. 画数据流图的注意事项

(1) 命名。数据流图中每个成分的命名是否恰当,直接影响数据流图的可理解性,因此,给这些成分起名字时应该仔细推敲。

① 数据流的名字应代表整个数据流(或数据存储)的内容,而不是仅仅反映它的某些成分。不要使用空洞的、缺乏具体含义的名字(如"数据""信息""输入"等)。如果在为某个数据流(或数据存储)起名字时遇到了困难,则很可能是因为对数据流图分解不恰当造成的,应该试着对上层数据流图重新分解来克服这样的困难。

② 处理的名字应该反映整个处理的功能,而不是它的一部分功能。名字最好由一个具体的及物动词加上一个具体的宾语组成。应该尽量避免使用"加工""处理"等空洞笼统的动词作为名字。通常名字中仅包含一个动词,如果必须用两个动词才能描述整个处理的功能,则把这个处理再分解成两个处理可能更恰当些。

③ 为数据源点/终点命名时采用它们在问题域中习惯使用的名字。例如,新闻发布系统中的数据源点和终点为"管理员""普通用户"等。

(2) 父图与子图的平衡。每一层数据流图必须与它上一层数据流图保持平衡和一致,因此,子图的所有输入/输出流要与其父图相匹配。

4. 检查数据流图是否正确的方法

(1) 数据守恒,即输入数据和输出数据要相匹配。数据不守恒有两种情况:一种是可能遗漏了输入数据流,导致某个处理在没有输入的情况下产生了输出的数据;另一种是某些输入在处理中没有使用。

(2) 在绘制数据流图时,应注意处理框与数据存储之间数据流的方向。一个处理要读文件,数据流的箭头应指向处理框;若是写文件,则箭头应指向数据存储。

对于处理之间的数据应遵循以下两个规则。

① 流入某个处理的所有数据必须曾流出过该处理或者由流出该处理的数据产生。

② 流出某个处理的所有数据必须曾流入过该处理或者由流入该处理的数据产生。

这两个规则不仅仅用于处理数据,对于数据存储同样有效,即任何从数据存储单元中读出来的数据元素必定在以前写进去过,任何写进数据存储单元的数据元素必定在以后要读出来。

(3) 父图中某一处理框的输入、输出数据必须体现于相应的分层子图中。

(4) 数据流是指处理的输入或输出,每个处理至少有一个输入数据流和一个输出数据流;所有数据流必须起源于一个处理,或者终止于一个处理,即任何一个数据流至少有一端是处理框。

5. 新闻发布系统数据流图实例

(1) 在新闻发布系统中,管理员输入和管理用户信息、栏目信息、类别信息和新闻信息;普通用户检索查看新闻。其顶层数据流图如图 4-13 所示。

图 4-13　新闻发布系统顶层数据流图

(2) 顶层数据流图概括了整个系统的功能与规模。对其进行分解,进一步细化得到新闻发布系统的第二层数据流图,如图 4-14 所示。

图 4-14　新闻发布系统第二层数据流图

(3) 图 4-13 中的管理用户信息、管理新闻栏目信息、管理新闻类别信息和管理新闻信息都可以进一步细化。下面以添加新闻信息为例,给出其进一步细化的数据流程图,如图 4-15 所示。

图 4-15　添加新闻信息数据流图

4.4.2　编制数据字典

在软件开发过程中,我们经常会遇到这样的情形:几位编程人员对于同一个数据项使用不同的变量名称、长度和有效性验证。这种情况会导致在真正的数据定义上的混淆,并且在软件维护时出现困难。解决这种问题的一个有效方法是使用数据字典技术,统一定义应用程序中使用的所有数据元素和结构的含义、类型、数据大小、格式、度量单位、精度以及允许取值范围的共享仓库。

1. 定义

数据字典(data dictionary)是描述数据的信息的集合,是对系统中使用的所有数据元素的定义的集合。数据字典主要是为分析人员查找数据流图中有关数据的详细定义而服务的,是数据流图的补充工具。数据字典和数据流图共同构成系统的逻辑模型。

2. 数据字典中使用的符号

数据字典中使用的符号见表 4-6。

表 4-6　数据字典中使用的符号

符　　号	含　　义	解　　释
＝	等价于或定义为	
＋	与	例如,x=a+b,表示 x 由 a 和 b 组成
[...,...] 和 [...|...]	或	例如,x=[a, b],x=[a|b],表示 x 由 a 或 b 组成
{ ... }	重复	例如,x={a},表示 x 由 0 个或多个 a 组成
m{...}n	重复	例如,x=3{a}8,表示 x 中至少出现 3 次 a,至多出现 8 次 a
(...)	可选	例如,x=(a),表示 a 可在 x 中出现,也可不出现
"..."	基本数据元素	例如,x="a",表示 x 为取值为 a 的数据元素
..	联结符	例如,x=1..9,表示 x 可取 1~9 之中的任意值

3. 数据字典内容

数据字典由数据流、数据项、数据存储和数据处理四类元素的定义组成。

(1) 数据流。数据流条目给出了 DFD 中某个数据流的定义,通常包括以下内容。

① 数据流标识。

② 数据流来源。
③ 数据流去向。
④ 数据流的数据组成。
⑤ 流动属性描述：频率、数据量。

【实例 4-2】 成绩管理系统的数据流条目如表 4-7 所示。

表 4-7 成绩管理系统的数据流条目

数据流名	组成	来源	去处
学生信息	学号＋姓名＋性别＋系部编号＋专业编号＋班级名称	教务人员	学生信息表
课程信息	课程编码＋课程名称＋[考试|考查]	教务人员	课程信息表
成绩	学号＋课程编码＋成绩	教务人员	成绩表
成绩单	课程名＋成绩	成绩管理系统	学生和教学管理人员

（2）数据项。数据项（数据元素）条目是不可再分解的数据单位，通常包括以下内容。
① 名称。
② 描述。
③ 数据类型。
④ 长度（精度）。
⑤ 取值范围及默认值。
⑥ 计量单位。
⑦ 相关数据元素及数据结构。

【实例 4-3】 成绩管理系统的数据项定义如下。

系部编号＝[01＝信息\|02＝生物\|03＝电气\|04＝机械\|05＝医疗\|06＝建筑]
专业编号＝[01＝网络\|02＝软件\|03＝计算机应用\|04＝电子商务]
课程编码＝[1＝职业核心\|2＝专业核心\|3＝专业拓展\|4＝选修]＋系部编号＋专业编号＋学期编号＋序号
学期编号＝[1＝第 1 学期\|2＝第 2 学期\|3＝第 3 学期\|4＝第 4 学期\|5＝第 5 学期\|6＝第 6 学期\|7＝第 7 学期\|8＝第 8 学期]
学号＝班级编号＋序号
序号＝1{数字}2
数字＝[0\|1\|2\|3\|4\|5\|6\|7\|8\|9]
姓名＝1{字符}4
性别＝[男\|女]
班级名称＝1{字符}15
课程名称＝1{字符}10
成绩＝1{数字}3

（3）数据存储。数据存储条目是对 DFD 中某个数据存储的定义，通常包括以下内容。
① 数据存储名字。
② 数据存储描述。
③ 数据存储组成。

④ 数据存储方式。

⑤ 关键码。

⑥ 存取频率和数据量。

⑦ 安全性要求(用户存取权限)。

【实例 4-4】 成绩管理系统的学生信息数据存储如下。

数据文件名：学生信息文件。

简述：存放的是学生基本信息数据。

数据文件组成：表格形式存储。

文件内容：学生信息记录＝学号＋姓名＋性别＋系部编号＋专业编号＋班级名称。

存储方式：以学号为记录关键字升序排列。

(4) 数据处理。数据处理条目描述实现数据处理的策略而不是实现数据处理的细节，通常包括以下内容。

① 处理逻辑(简述)。描述基本数据处理如何把输入数据流变化为输出数据流的处理步骤，不涉及具体处理方法。

② 执行条件。

③ 输入。

④ 输出。

⑤ 优先级。

⑥ 执行频率。

⑦ 出错处理对策。

【实例 4-5】 成绩管理系统的学生成绩查询处理如下。

处理名：查询学生成绩处理。

处理逻辑：

① 读取学生信息文件。
② 搜索此文件中是否有与输入信息中学号相符的项。
  IF 没有
    THEN 输出"该学生不存在，请输入正确的学生信息"
    ELSE 读取课程信息和成绩信息查询条件，查询学生信息文件、课程信息文件和成绩信息文件，输出成绩单

执行频率：1 万次左右。

峰值：随时，但经常发生在寒暑假和新学期开始时。

4. 新闻发布系统数据字典

(1) 用户信息数据字典。

名字：用户信息存储
编号：D1
描述：存储后台管理员信息
定义：用户 ID 号＋用户名称＋密码
位置：用户信息表

（2）新闻栏目信息数据字典。

```
名字：新闻栏目信息
编号：D2
描述：存储新闻栏目信息
定义：栏目标识＋栏目名称＋栏目描述＋栏目顺序
位置：新闻栏目表
```

（3）新闻类别信息数据字典。

```
名字：新闻类别信息
编号：D3
描述：存储新闻类别信息
定义：类别标识＋类别名称＋类别描述＋类别顺序＋栏目标识
位置：新闻类别表
```

（4）新闻信息数据字典。

```
名字：新闻信息存储
编号：D4
描述：存储新闻信息
定义：新闻标识＋新闻标题＋类别标识＋发布日期＋关键字＋来源＋新闻内容＋用户标识＋点击量
位置：新闻信息表
```

4.5 习　　题

1. 简答题

（1）常用的需求分析的方法有哪些？
（2）需求分析的任务是什么？步骤有哪些？
（3）什么是面向对象的分析方法？步骤是什么？
（4）什么是结构化分析方法？步骤是什么？
（5）基于用例的需求分析方法的主要步骤有哪些？
（6）活动图建模技术的步骤有哪些？
（7）什么是数据流图？画数据流图的步骤有哪些？
（8）什么是数据字典？其内容有哪些？

2. 操作题

（1）画出目标系统的数据流图并编制数据字典。
（2）完成目标系统的用例建模。
（3）编写目标系统软件需求规格说明书。
（4）对目标系统进行需求分析，并且以小组为单位用幻灯片演示介绍需求分析的工作实践情况和过程，介绍小组分工情况和成员协作情况。展示小组的软件需求规格说明。

任务 5　新闻发布系统概要设计

- 能力目标
  - 能够看懂设计图,理解设计原则。
  - 能够使用面向对象设计建模方法建立系统设计模型。
  - 能够运用软件设计的原理及方法进行功能模块设计、数据库设计。
  - 能够根据项目需要选择开发环境和运行平台。
  - 能够编写软件概要设计说明和数据库设计说明。
- 知识目标
  - 理解面向对象设计(OOD)的概念。
  - 掌握面向对象设计的原则。
  - 明确概要设计的任务与步骤。
  - 掌握常用软件体系结构知识。
  - 掌握结构化设计方法和面向对象设计方法。

任 务 导 入

小型、简单的软件系统,一旦明确了要求,就可以立即编写程序。但对于大型的软件系统来说,不能急于进入编程阶段。为了保证软件产品的质量,提高软件开发效率,必须先制订系统设计方案,确定软件的总体结构,这称为概要设计或结构设计。概要设计阶段要确定软件的体系结构、模块设计(对象或类设计)和数据库设计,编写数据库设计说明、用户手册、测试计划,选用相关的软件工具来描述软件结构等。

在实际的软件开发过程中分析和设计二者的界线是模糊的。许多分析结果可以直接映射成设计结果,而在设计过程中又往往会加深和补充对系统需求的理解,从而进一步完善分析结果。因此,分析和设计活动是一个多次反复迭代的过程。

结构化设计方法是一种面向数据流的设计方法,它是以结构化方法分析阶段产生的文档(数据流图、数据字典和软件需求说明书)为基础,是一个自顶向下、逐步求精和模块化的过程。结构化设计方法采用软件结构图来描述程序的结构。构成软件结构图的主要成分有模块、调用和数据。

本任务以新闻发布系统为例,介绍面向对象设计过程和技术。

任 务 清 单

（1）新闻发布系统体系结构的设计。
（2）选择开发环境和运行平台。
（3）新闻发布系统模式的设计。
（4）新闻发布系统动态结构的设计。
（5）编制软件测试计划。
（6）编写软件概要设计说明和数据库设计说明。

5.1 案例——新闻发布系统模块设计报告

5.1.1 文档介绍

模块设计文档作为新闻发布系统设计文档的重要组成部分，主要对该软件用户管理模块、新闻管理模块、新闻前台显示模块、新闻类别模块、新闻栏目管理模块以及模块与模块之间的关系进行了详细描述，并对相关内容做出了统一的规定。

模块设计文档包含文档介绍、模块命名规则和模块设计几个组成部分。文档的读者对象主要包括系统的设计人员、开发人员和测试人员。

5.1.2 模块命名规则

模块的名称必须能够表达该模块的功能，指明每次调用它时应完成的功能。模块的名称由一个动词和一个名称组成等。新闻发布系统模块命名规则如下。

1. 类和接口

（1）类和接口名均采用名词，首字母大写，其他单词首字母大写，缩写词全部大写。
（2）包下的类有固定的后缀命名，如 Action 包下的 BaseAction 类。

2. 包

（1）所有包名使用小写字母。包名长度一般不能超过 8 个字符，避免使用多个词作为包名。
（2）顶级包名采用开发者所在机构的域名的逆序，若没有域名，可采用公司英文名称，如 com.sun.jdbc、org.jboss。
（3）非顶级包名采用名词，或名词的缩写。

5.1.3 模块设计

1. 新闻发布系统功能模块设计

新闻发布系统功能模块结构图如图 5-1 所示。

图 5-1　新闻发布系统功能模块结构图

2. 包(模块)设计

按照新闻发布系统程序的层次,划分为 controller 和 model 两个包。

在 controller 包内有三个子包:src.controller.action(应用分发器包,其中 Action 和 BaseAction 是该包的接口和抽象类)、src.controller.listener(过滤器和监听器包)和 src.controller.servlet(放置 Servlet 的包,前端控制器 DispatcherServlet 也在该包中)。

在 model 包内有两个子包:src.model.connection(数据库连接的类封装在该包中)和 src.model.service。其中,src.model.service 包内还有四个子包:src.model.service.dao(存放所有的数据访问对象,DAOObject 和 BaseDao 是该包的接口和抽象类)、src.model.service.dao.page(分页检索的封装)、src.model.service.exception(异常处理的包)和 src.model.service.pojo(封装 VO 对象)。

此外,还有一个辅助类包(src.util)和一个视图助手包(src.viewhelper)。

3. 模块汇总表

(1) Action 包模块汇总表(表 5-1)。Action 包是指所有应用分发器的包,用于接收前端控制器 DispatcherServlet 的请求,完成业务逻辑。

表 5-1　Action 包模块汇总表

模块名称	功能简述
Action	定义 Action 接口
BaseAction	定义抽象类 BaseAction,实现 Action 接口

续表

模块名称	功能简述
ClassAction	处理页面类别请求（添加、删除、修改），调用 ClassDao 类中访问 NewsClass 数据实体类的方法，完成业务逻辑
ItemAction	处理页面栏目请求（添加、删除、修改），调用 ItemDao 类中访问 Item 数据实体类的方法，完成业务逻辑
LoginAction	处理用户登录，修改密码请求，并完成用户日志的记录
NewsAction	处理新闻管理请求，包括后台的新闻发布等，调用 NewsDao 类中方法，完成业务逻辑
PageNewsAction	定义分页的方法

（2）Servlet 包模块汇总表（表 5-2）。

表 5-2 Servlet 包模块汇总表

模块名称	功能简述
DispatcherServlet	主控制 Servlet，接受用户所有请求，分发给相应的 Action

（3）Dao 包模块汇总表（表 5-3）。Dao 包用于存放所有的数据访问对象。

表 5-3 Dao 包模块汇总表

模块名称	功能简述
BaseDao	定义了 BaseDao 抽象类
ClassDao	定义访问 NewsClass 数据实体类的方法，包括增、删、改、查等操作
ItemDao	定义访问 Item 数据实体类的方法
NewsDao	定义访问 News、NewsComment、NewsLogs、NewsStatistic 数据实体类的方法
UserDao	定义访问 NewsUser 数据实体类的方法

（4）Exception 包模块汇总表（表 5-4）。

表 5-4 Exception 包模块汇总表

模块名称	功能简述
DataAccessException	定义数据访问异常类

（5）Pojo 包模块汇总表（表 5-5）。Pojo 包用于存放所有的 VO 对象。

表 5-5 Pojo 包模块汇总表

模块名称	功能简述
Item	Item 类定义新闻栏目对象，包括新闻栏目的编号、名称、描述、顺序等属性
News	News 类定义新闻对象，包括新闻编号、新闻标题、新闻栏目编号、新闻类别编号、新闻发布日期、新闻关键字、新闻来源、新闻内容、用户 ID、总点击量、月点击量等属性

续表

模块名称	功能简述
NewsClass	NewsClass 类定义新闻类别对象,包括新闻类别的编号、名称、描述、顺序、栏目的编号等属性
NewsUser	NewsUser 类定义新闻用户对象,包括用户 ID、用户名称、用户密码、用户权限、用户锁定、用户审核、用户 E-mail、用户电话号码、用户性别、用户 QQ、用户出生日期等属性

4. 模块关系图

(1) Action 包关系图(图 5-2)。

图 5-2　Action 包关系图

(2) Servlet 包关系图(图 5-3)。

图 5-3　Servlet 包关系图

(3) Dao 包关系图(图 5-4)。

(4) Exception 包关系图(图 5-5)。

(5) Pojo 包关系图(图 5-6)。

5. 表示层模块设计

(1) Action 包。

图 5-4 Dao 包关系图

图 5-5 Exception 包关系图

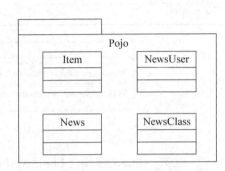

图 5-6 Pojo 包关系图

① ClassAction 模块。ClassAction 模块设计见表 5-6，ClassAction 类图如图 5-7 所示。

表 5-6 ClassAction 模块设计

模块名称	ClassAction				
功能描述	处理页面类别请求（添加、删除、修改），调用 ClassDao 类中访问 NewsClass 数据实体类的方法，完成业务逻辑				
接口与属性	函数名	访问性	返回值	参数	功能
	classAdd	公有	有	有	类别添加
	classDel	公有	有	有	类别修改
	classUpdate	公有	有	无	类别删除
数据结构	无				
补充说明	无				

```
ClassAction
◆classAdd(request : HttpServletRequest, response : HttpServletResponse) : String
◆classDel(request : HttpServletRequest, response : HttpServletResponse) : String
◆classUpdate(request : HttpServletRequest, response : HttpServletResponse) : String
```

图 5-7 ClassAction 类图

② ItemAction 模块。ItemAction 模块设计见表 5-7，ItemAction 类图如图 5-8 所示。

表 5-7　ItemAction 模块

模块名称	ItemAction				
功能描述	处理页面栏目请求（添加、删除、修改），调用 ItemDao 类中访问 Item 数据实体类的方法，完成业务逻辑				
接口与属性	函数名	访问性	返回值	参数	功　能
	itemAdd	公有	有	有	栏目添加
	itemUpdate	公有	有	有	栏目修改
	itemDel	公有	有	无	栏目删除
数据结构	无				
补充说明	无				

```
ItemAction
◆itemAdd(request : HttpServletRequest, response : HttpServletResponse) : String
◆itemUpdate(request : HttpServletRequest, response : HttpServletResponse) : String
◆itemDel(request : HttpServletRequest, response : HttpServletResponse) : String
```

图 5-8　ItemAction 类图

③ LoginAction 模块。LoginAction 模块设计见表 5-8，LoginAction 类图如图 5-9 所示。

表 5-8　LoginAction 模块

模块名称	LoginAction				
功能描述	处理用户登录，修改密码请求，并完成用户日志的记录				
接口与属性	函数名	访问性	返回值	参数	功　能
	query	公有	有	有	登录
数据结构	无				
补充说明	无				

```
LoginAction
◆query(request : HttpServletRequest, response : HttpServletResponse) : String
```

图 5-9　LoginAction 类图

④ NewsAction 模块。NewsAction 模块设计见表 5-9，NewsAction 类图如图 5-10 所示。

表 5-9　NewsAction 模块

模块名称	NewsAction
功能描述	处理新闻管理请求，包括后台的新闻发布等，调用 NewsDao 类中方法，完成业务逻辑

续表

接口与属性	函数名	访问性	返回值	参数	功能
	create	公有	有	有	新闻发布
	newsDel	公有	有	有	新闻删除
	newsUpdate	公有	有	有	新闻修改
	remove	公有	有	无	将所选中的新闻一次性删除（批量删除）
数据结构	无				
补充说明	无				

```
NewsAction
◆create(request : HttpServletRequest, response : HttpServletResponse) : String
◆newsDel(request : HttpServletRequest, response : HttpServletResponse) : String
◆newsUpdate(request : HttpServletRequest, response : HttpServletResponse) : String
◆remove(request : HttpServletRequest, response : HttpServletResponse) : String
```

图 5-10　NewsAction 类图

⑤ PageNewsAction 模块。PageNewsAction 模块设计见表 5-10。

表 5-10　PageNewsAction 模块

模块名称	PageNewsAction				
功能描述	定义分页的方法				
接口与属性	函数名	访问性	返回值	参数	功能
	pageQuery	公有	有	有	分页的方法
数据结构	无				
补充说明	无				

(2) Dao 包。

① ClassDao 模块。ClassDao 模块设计见表 5-11，ClassDao 类图如图 5-11 所示。

表 5-11　ClassDao 模块

模块名称	ClassDao				
功能描述	定义访问 NewsClass 数据实体类的方法，包括增、删、改、查等操作				
接口与属性	函数名	访问性	返回值	参数	功能
	classAdd	公有	有	有	增加类别
	classDel	公有	有	有	删除类别
	classUpdate	公有	有	有	修改类别
	query	公有	有	无	根据栏目 ID 查询内容
数据结构	无				
补充说明	无				

```
                    ClassDao
        ◆classAdd(newsclass : NewsClass) : int
        ◆classDel(newsclass : NewsClass) : int
        ◆classUpdate(newsclass : NewsClass) : int
        ◆query(itemid : int) : List
```

图 5-11 ClassDao 类图

② ItemDao 模块。ItemDao 模块设计见表 5-12，ItemDao 类图如图 5-12 所示。

表 5-12 ItemDao 模块

模块名称	ItemDao				
功能描述	定义访问 Item 数据实体类的方法				
接口与属性	函数名	访问性	返回值	参数	功　能
	itemAdd	公有	有	有	添加栏目
	itemDel	公有	有	有	删除栏目（根据传来的 ID 删除相应的栏目）
	itemUpdate	公有	有	有	修改栏目（根据传来的信息修改栏目的相关内容）
	list	公有	有	无	显示所有栏目
数据结构	无				
补充说明	无				

③ NewsDao 模块。NewsDao 模块设计见表 5-13，NewsDao 类图如图 5-13 所示。

表 5-13 NewsDao 模块

模块名称	NewsDao				
功能描述	定义访问 News、NewsComment、NewsLogs、NewsStatistic 数据实体类的方法				
接口与属性	函数名	访问性	返回值	参数	功　能
	addHits	公有	有	有	更新各个点击量的数目
	create	公有	有	有	新闻发布
	newDel	公有	有	有	根据新闻 ID 对新闻的删除
	newsUpdate	公有	有	无	新闻修改
数据结构	无				
补充说明	无				

④ UserDao 模块。UserDao 类图如图 5-14 所示，UserDao 模块设计见表 5-14。

```
         ItemDao
◆itemAdd(item : Item) : int
◆itemDel(item : Item) : int
◆itemUpdate(item : Item) : int
◆list() : List
```

图 5-12 ItemDao 类图　　　　图 5-13 NewsDao 类图　　　　图 5-14 UserDao 类图

表 5-14　UserDao 模块

模块名称	UserDao				
功能描述	定义访问 NewsUser 数据实体类的方法				
接口与属性	函数名	访问性	返回值	参数	功　能
	query	公有	有	有	用户登录验证
数据结构	无				
补充说明	无				

（3）Pojo 包。

① Item 模块。Item 模块设计见表 5-15，Item 类图如图 5-15 所示。

表 5-15　Item 模块

模块名称	Item
功能描述	Item 类定义新闻栏目对象，包括新闻栏目的编号、名称、描述、顺序等属性。此类提供了访问新闻栏目属性的方法
接口与属性	提供了访问属性的 get(/set)方法
数据结构	无
补充说明	无

② News 模块。News 模块设计见表 5-16，News 类图如图 5-16 所示。

表 5-16　News 模块

模块名称	News
功能描述	News 类定义新闻对象，包括新闻编号、新闻标题、新闻栏目编号、新闻类别编号、新闻发布日期、新闻关键字、新闻来源、新闻内容、用户 ID。此类提供了访问新闻属性的方法
接口与属性	提供了访问属性的 get(/set)方法
数据结构	无
补充说明	无

③ NewsClass 模块。NewsClass 模块设计见表 5-17，NewsClass 类图如图 5-17 所示。

表 5-17　NewsClass 模块

模块名称	NewsClass
功能描述	NewsClass 类定义新闻类别对象，包括新闻类别编号、名称、描述、顺序、栏目的编号等属性。此类提供了访问新闻类别属性的方法
接口与属性	提供了访问属性的 get(/set)方法
数据结构	无
补充说明	无

④ NewsUser 模块。NewsUser 模块设计见表 5-18，NewsUser 类图如图 5-18 所示。

图 5-15　Item 类图

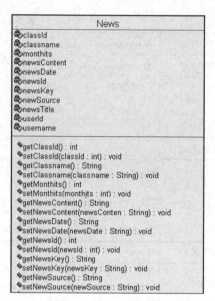
图 5-16　News 类图

表 5-18　NewsUser 模块

模块名称	NewsUser
功能描述	NewsUser 类定义新闻用户对象，包括用户 ID、用户名称、用户密码、用户权限、用户锁定、用户审核、用户 E-mail、用户电话号码、用户性别、用户 QQ、用户出生日期等属性。此类提供了访问新闻用户对象属性的方法
接口与属性	提供了访问属性的 get(/set)方法
数据结构	无
补充说明	无

图 5-17　NewsClass 类图

图 5-18　NewsUser 类图

5.2　面向对象设计

面向对象设计(OOD)是把需求分析阶段得到的需求转变成符合成本和质量要求的、抽象的系统实现方案的过程。从面向对象分析(OOA)到面向对象设计是一个逐渐扩充模型的过程。

用面向对象方法设计软件,原则上也是先进行概要设计(系统设计),再进行详细设计(对象设计)。

面向对象设计方法致力于解决传统软件开发过程中,因软件模块化、结构化程度不高的原因而导致的软件可维护性差、软件重用性差、所开发出的软件不能满足用户的需求等诸多方面的问题。

5.2.1 面向对象设计内容

面向对象设计包括静态结构设计和动态结构设计。静态结构设计的内容有类和对象设计、架构设计(设计模式)、包设计、接口设计和数据库设计等,静态结构设计建模技术包括类的建模、对象的建模、组件图、配置图和数据库设计类图;动态结构设计是指状态和行为的设计,动态结构设计建模技术包括状态建模(状态图)、行为建模(顺序图和交互图)。新闻发布系统采用的是面向对象设计方法。

5.2.2 面向对象设计原则

1. 开闭原则

开闭原则(open-closed principle,OCP)是面向对象设计的第一原则。其核心思想是指一个软件实体(如类、模块和函数)应该对扩展开放且对修改关闭。意思是说一个软件实体应该通过扩展来实现变化,而不是通过修改已有的代码来实现变化。

如何做到对扩展开放且对修改关闭呢?面向抽象编程是实现开闭原则的核心关键点,通过定义一个相对稳定的抽象层,将不同的实现行为在具体实现层中实现。如果需要修改,无须改动抽象层,只需增加新的实现类来实现新的业务功能即可。

遵循开闭原则可以使软件系统具有较好的可扩展性和可维护性。当需求发生变化时,只需要添加新的代码来实现新的功能,而不需要修改已有的代码,这样可以降低修改已有代码带来的风险,并减少引入新错误的可能性,同时,符合开闭原则的代码结构更加清晰,可读性好,易于理解和维护。

2. 里氏替换原则

里氏替换原则(Liskov substitution principle,LSP)阐述了一些关于继承的原则,核心内容是:继承必须确保超类(父类)所拥有的性质在子类中仍然成立。意思是子类可以扩展父类的功能,但不能改变父类原有的功能。也就是说,子类继承父类时,除添加新的方法完成新增功能外,尽量不要重写(覆盖)父类的方法。

里氏替换原则告诉我们:在一个软件实体中,如果使用的是一个基类(父类)对象,那么一定适用于其子类对象,而且它无法鉴别基类对象和子类对象的不同。也就是说,在软件实体中把一个基类对象替换成它的子类对象,程序将不会产生任何错误和异常。反之,基类对象不一定能替换其子类对象。

如果违背了里氏替换原则，那么当子类对象替换基类对象时，程序就会出现运行错误。这时解决问题的方法是：取消父类和子类原来的继承关系，重新设计它们之间的关系。例如，鸵鸟和企鹅具有鸟类的一些共同特征，从生物学的角度来划分，它们属于鸟类，但是从继承关系看，由于它们不能继承鸟类会飞的功能，因此根据里氏替换原则，不能把它们定义成鸟类的子类。同理，虽然正方形是长方形的一种特殊形式，但是由于正方形并不能完全替代长方形，所以也不能把正方形定义成长方形的子类。

根据里氏代换原则的要求，我们在进行程序设计时，尽量把父类设计为抽象类或接口，让子类继承父类或实现接口。实现父类中声明的抽象方法除添加新的方法完成新增功能外，不能重写父类的非抽象方法。

里氏替换原则是继承复用的基础，它反映了基类与子类之间的关系，是对开闭原则的补充。只有当子类对象可以替换基类对象，软件实体的功能不受影响时，基类才能真正被复用，而子类也可以在基类的基础上增加新的行为。

里氏替换原则克服了继承中重写父类方法造成的可复用性变差的缺点，使类的扩展不会给已有的系统引入新的错误，降低了代码出错的可能性，增强了程序的健壮性和需求变更时的兼容性，提高了程序的可维护性和可扩展性。

3. 依赖倒置原则

依赖倒置原则（dependence inversion principle，DIP）是指高层模块不应该依赖底层模块，它们都应该依赖其抽象；抽象不应该依赖细节，细节应该依赖抽象。

例如，在 Java 语言中，抽象就是指抽象类或接口，细节就是指实现类。依赖倒置原则在 Java 语言中的表现如下。

(1) 模块间的依赖通过抽象发生，实现类之间不发生直接的依赖关系，其依赖关系是通过接口或抽象类产生的。

(2) 接口或抽象类不依赖实现类。

(3) 实现类依赖接口或抽象类。

为了更好地理解依赖倒置原则，下面通过一个例子来说明。

【实例 5-1】 电商支付方式实现。

在一个电商系统中，可能需要支持支付宝、微信和银行卡等多种支付方式。根据依赖倒置原则，可以定义一个抽象的支付接口 Payment，让高层结账模块 Checkout 类依赖这个接口，而不是底层的支付实现类 Alipay、BankCardPay 和 WechatPay。这样，当需要添加新的支付方式时，无须修改 Checkout 类的代码，只需创建一个新的实现类即可，如图 5-19 所示。

遵循依赖倒置原则，可以降低模块间的耦合度，提高系统的可维护性和可扩展性。

4. 接口隔离原则

接口隔离原则（interface segregation principle，ISP）的核心思想是客户端不应该依赖它不需要的接口；一个类对另一个类的依赖应该建立在最小的接口上。接口隔离原则提倡使用多个小而专用的接口而不是一个通用的大接口。也就是说，一个类或模块不应该

图 5-19 电商支付方式实现图

强迫它的用户去依赖无用的接口,应该将大接口拆分成多个小接口,符合客户端的需求,使客户端只依赖它真正需要的接口。

如果一个接口包含了大量的方法或者承担了多个不相关的职责,就可能导致实现该接口的类被迫实现它们不需要的方法。这样就违反了接口隔离原则,不仅会产生冗余的代码,而且降低了类或模块的内聚性,增加了耦合度,使软件维护和重用变得困难,给整个项目带来无法预料的风险。此时,可以考虑将该接口拆分为多个小接口,每个接口只包含相关的方法,只服务一个子模块或业务逻辑。

分离接口的方式一般分为委托和多继承两种,前者把请求委托给别的接口的实现类来完成需要的职责,后者则是通过实现多个接口来完成需要的职责。两种方式各有优缺点,通常我们应该先考虑后一个方案,如果涉及类型转换时则应选择前一个方案。

为了更好地理解接口隔离原则,下面通过一个例子来说明。

【实例 5-2】 接口拆分。

假设有一个名为 FileService 的文件系统的接口,其中包含读取文件、写入文件和删除文件操作,程序如下:

```
interface FileService {
    void read(String fileName);
    void write(String fileName, String content);
    void delete(String fileName);
}
```

有一个只需要读取文件的客户端,它不需要写入和删除文件的功能,但是它在使用这个接口时,不得不实现写入文件和删除文件空操作或抛出异常,这样就违反了接口隔离原则。

为了符合接口隔离原则,可以将接口 FileService 拆分成三个接口,每个接口只包含一个职责或功能,程序如下:

```
interface Readable {
    void read(String fileName);
}
interface Writeable {
    void write(String fileName, String content);
}
interface Deleteable {
```

```
    void delete(String fileName);
}
```

通过拆分接口,可以根据客户端的需求给予其相应的专用接口,避免了不必要的方法实现或调用。

接口隔离原则具有能够提高类或模块的内聚性,降低类或模块之间的耦合度,提高代码的可重用性、可扩展性、可维护性和可测试性,降低软件开发、修改和维护的成本。

5. 单一职责原则

单一职责原则(single responsibility principle,SRP)提倡一个类只有一项职责。在系统中,每个类都具有一定的职责。职责指的是类能做什么,即类的属性和操作能完成什么任务。一个类可以有多项职责,设计得好的类一般只有一项职责。

如果一个类承担多项职责,就等于把这些职责耦合在一起,一项职责的变化会削弱或抑制这个类完成其他职责的能力,就会降低这个类的内聚性,因此,需要将这些职责进行分离。例如,若在一个 DAO 类中既定义了访问 User 数据实体类的方法,又定义了访问 News 数据实体类的方法,那么这个 DAO 类就承担了两项职责,这样就不符合单一职责原则的要求。因此,应该将这个 DAO 类拆分成 UserDAO 和 NewsDAO 两个类。

遵循单一职责原则能够降低类的复杂性,提高类的可读性、可维护性和可重用性,降低因需求变更修改类而引起的风险。单一职责原则是实现"高内聚、低耦合"的指导方针。

6. 迪米特法则

迪米特法则(law of demeter,LoD)又称最少知识原则,意思是每个模块只需了解那些与它关系密切的模块的有限知识。换句话说,就是每个模块应该尽可能少地与其他模块发生联系,并尽可能少地了解与其联系密切的模块。

按照迪米特法则的要求,从依赖者的角度来说,系统中的每个类都尽量减少对其他类的依赖,并且对自己依赖的类知道得越少越好;从被依赖者的角度来说,被依赖的类只暴露应该暴露的属性或方法;如果两个类无须直接通信,那么就不应该发生直接的相互调用,可以通过第三方转发该调用。

迪米特法则的目的是限制软件实体之间通信的宽度和深度,以降低系统的耦合度,提高软件实体的相对独立性。如果一个系统符合迪米特法则,那么当其中一个模块发生修改时,就会尽可能少地影响其他模块,系统扩展和维护就会变得相对容易。反之,如果系统的各个模块之间联系越密切,系统的耦合度就越高。这时,当一个模块需要修改时,与之相关联的模块都需要修改,增加了修改工作的复杂度、难度和工作量,使系统扩展和维护工作变得困难。但是,过度使用迪米特法则会使系统产生大量的中介类,从而增加系统的复杂性,使模块之间的通信效率降低。所以,在采用迪米特法则时需要反复权衡,确保高内聚和低耦合的同时,保证系统的结构清晰。

7. 组合/聚合复用原则

组合/聚合和继承是实现复用的两个基本途径。组合/聚合复用原则(composite/

aggregate reuse principle，CARP)要求优先使用组合/聚合而不是继承来达到复用的目的。即通过将已有的对象纳入新对象中，使之成为新对象的一部分，因此新对象可以调用已有对象的功能，从而达到复用的目的。

使用组合/聚合复用原则可以降低类与类之间的耦合程度，提高系统的灵活性。

5.3　新闻发布系统体系结构设计

体系结构设计表示计算机软件系统的基础架构，主要从高层描述各组成部分的关系以及它们的接口。体系结构设计已经成为决定软件系统成功与否的关键因素。

常用的体系结构主要有传统客户机/服务器(C/S)结构、三层 C/S 结构、浏览器/服务器(B/S)结构和 C/S 与 B/S 混合体系结构。一个小型的软件可能具有一种体系结构，而大型的软件一般由多种体系结构组成。

1. 体系结构设计原则

一个软件系统的体系结构设计得好不好，可以用合适性、结构稳定性、可扩展性、可复用性等特征来评估。

2. 体系结构的选择应考虑的因素

(1) 是单机还是客户机/服务器系统。
(2) 是常规应用开发还是底层开发(是否有单片机系统)。
(3) 客户机最大终端数是多少。
(4) 是否提供给第三方应用编程接口。
(5) 网络(或数据通信)是什么连接方式。
(6) 数据文件的保存方式(文本、本地数据库、大型数据库)。

网络应用软件的体系结构主要有两种：C/S 结构和 B/S 结构。C/S 结构使用之前必须在每台客户机上安装客户端，且每次升级或维护都要修改每台客户机上的客户端，非常麻烦，虽然运行速度很快，但不适应于要求方便、灵活的校园新闻发布；B/S 结构不需要在客户机安装客户端，客户机只需有浏览器，就可以使用，非常方便，故选择 B/S 结构作为校园新闻发布系统的运行模式。

5.4　开发环境及运行平台的选择

新闻发布系统开发环境及运行平台的选择如下。
操作系统：Windows 7 或更高版本。
数据库：MySQL 8.0.34。
Web 服务器：Tomcat 9.0.83。

开发工具：MyEclipse JSP Editor、JDK 1.5.x 或以上版本。

客户要求校园新闻发布系统应能运行于机房常见的操作系统之上，还应具有较高的效率。考虑到客户需求和 JSP 的特点，故选用 JSP 作为开发语言。

Tomcat 是一个运行 JSP 非常好的容器，性能稳定、功能强大、使用方便，便于项目迁移，而且受到 Sun 公司的全力支持，并由非常强大的开发组织 Apache 来进行发展，使得它成为下一代 Java Web Server 的主流，也使得选用 Tomcat 作为运行平台的系统在性能、稳定性和扩展性上都有了很好的保证。所有选用 Tomcat 作为 Web 服务器，能很好地满足系统的性能需求。

5.5 新闻发布系统模式设计

5.5.1 MVC 设计模式

MVC(model view controller)是目前用得比较多的一种设计模式，广泛应用于 Java Web 应用程序中。MVC 的核心思想是将一个应用程序的数据业务处理功能（模型层）、表示功能（视图层）和控制功能（控制层）在三个不同的部分分别实现。

使用 MVC 的目的是增强代码的重用性，降低数据描述和应用操作的可耦合度，并提高代码的可读性。同时也可以使软件的可维护性、可修复性、灵活性和封装性大大提高。

因此，新闻发布系统选择 MVC 三层架构开发模式。使用 JSP＋Servlet＋JavaBean 技术开发。

1. MVC 设计模式组成

MVC 设计模式主要由以下三部分组成。

（1）模型。模型是应用程序的主体部分，负责业务逻辑的处理以及业务规则的制定。模型响应用户请求并返回响应数据。一个模型能为多个视图提供数据。由于同一个模型可以被多个不同的视图重用，所以提高了代码的可重用性。模型位于 Java EE 架构的业务逻辑层，通常用服务器端 JavaBean 或 EJB 实现。

（2）视图。视图是用户看到并与之交互的界面。视图向用户显示相关的数据，并能接收用户输入的数据，但是它不进行任何实际的业务处理。视图可以向模型查询业务状态，但不能改变模型。视图还能接受模型发出的数据更新事件，从而对用户界面进行同步更新。视图一般位于 Java EE 架构的客户层和 Web 表示层，通常用 JSP 页面来实现。

（3）控制器。控制器是模型和视图的纽带，负责接受用户的请求并调用相应的模型组件去处理请求，然后调用相应的视图来显示模型返回的数据。控制器位于 Java EE 架构的 Web 表示层，通常用 Servlet 实现。

2. MVC 结构图

MVC 组件类型关系和功能图如图 5-20 所示。

图 5-20　MVC 组件类型关系和功能图

基于 MVC 模型的 Web 应用的整个工作流程可以分为以下四个步骤。
(1) 用户通过视图(一般是 JSP 页面或 HTML 页面)发出请求。
(2) 控制器接收请求后,调用相应的模型并改变其状态。
(3) 当模型状态改变后,控制器选择对应的视图组件来反馈改变后的结果。
(4) 视图根据改变后的模型,将正确的状态信息显示给用户。

3. MVC Model1

在 MVC 设计模式的 Model1 体系中,JSP 页面独立响应请求并将处理结果返回客户,所有的数据存取都是由 JavaBean 来完成。Model1 体系十分适合简单应用需要,却不能满足复杂的大型应用程序的实现。MVC Model1 的体系结构图如图 5-21 所示。

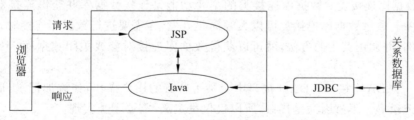

图 5-21　MVC Model1 的体系结构图

4. MVC Model2

MVC 设计模式的 Model2 体系结构是一种把 JSP 与 Servlet 联合起来实现动态内容服务的方法。它吸取了两种技术的优点。初始的请求由 Servlet 来处理,Servlet 调用商业逻辑和数据处理代码,并创建 JavaBean 封装业务逻辑表示相应的结果(模型)。然后,Servlet 确定哪个 JSP 页面适合于表达这些结果,并将请求转发到相应的页面(JSP 页面即为视图),Servlet 就是控制器。

这是一种有代表性的方法,它清晰地分离了表达和内容,明确了角色的定义及开发者与网页设计者的分工。新闻发布系统的设计模式选择的便是 Model2。MVC Model2 的体系结构图如图 5-22 所示。

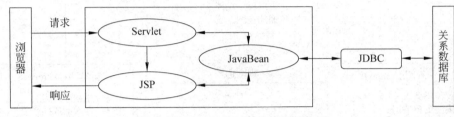

图 5-22　MVC Model2 的体系结构图

在新闻发布系统中前端控制器(front controller)是系统的一个入口,由它调用相应的逻辑 Bean,完成相应的处理工作后,更新视图 View。

5.5.2　DAO 设计模式

MVC 设计模式让新闻发布系统的结构变得清晰起来。但在新闻发布系统的用例中,有很多是需要通过访问数据库来进行实现的。如果用户不使用原有的数据库了,使用新的数据库时,程序代码要改动的地方就太多了。有没有什么好的设计模式可以让数据库访问变得可重用、可维护、可扩展呢?

DAO(data access object,数据访问对象)设计模式在 Java 项目开发中的应用非常广泛,它能够实现数据库层和业务层的分离及跨数据库平台的移植。

1. DAO 设计模式组成

(1) 数据库连接类。数据库连接类的主要功能是连接数据库并获得连接对象,以及关闭数据库。通过数据库连接类可以大幅简化开发,在需要进行数据库连接时,只需创建该类的实例,并调用其中的方法,就可以获得数据库连接对象或关闭数据库,不必再进行重复操作。

(2) 一个 DAO 接口。DAO 接口中定义了所有的用户操作,如添加记录、删除记录,以及查询记录等。不过因为是接口,所以仅仅是定义,需要子类实现。

(3) 一个实现了 DAO 接口的具体类。DAO 实现类实现了 DAO 接口,并实现了接口中定义的所有方法。

(4) VO 类。VO(value object)类是一个包含属性和表中字段完全对应的类,并在该类中提供 setter() 方法和 getter() 方法来设置并获取该类中的属性。

(5) DAO 工厂类。在没有 DAO 工厂类的情况下,必须通过创建 DAO 实现类的实例才能完成数据库操作。这时就必须知道具体的子类,对于后期的修改非常不方便。使用 DAO 工厂类,可以比较方便地对代码进行管理,而且可以很好地解决后期修改的问题,通过该 DAO 工厂类的一个静态方法来获取 DAO 实现类实例。这时如果要替换 DAO 实现类,只需修改该 DAO 工厂类中的方法代码,而不必修改所有的操作数据库代码。

2. DAO 的功能

(1) 封装数据源。例如，用 Connection conn=DriverMananger.getConnection()语句就可以把 Driver、URL、username、password 等放在 DAO 中。如果在维护中，需要更改数据库的类型，例如，把 SQL Server 换成 Oracle，只需更改 DAO 的 getConnection()方法里面的 Driver、URL 即可。

(2) 封装对数据库的操作。在 DAO 中封装对数据库的增、删、改、查操作。例如，要增加一个新闻栏目，那么在 ItemDao 中只需提供一个 itemAdd（item：Item）方法就可以了。具体的操作是在 ItemDao 中实现的。在业务逻辑程序中调用 ItemDao 时，只要知道 itemAdd（item：Item）是用来插入一个新闻栏目，而不需要知道是如何实现的。

DAO 功能示意图如图 5-23 所示。

图 5-23　DAO 功能示意图

新闻发布系统 DAO 设计模式详见模块设计报告。

5.6　新闻发布系统类设计

在用户需求和相关的业务领域中，有一些全局性的概念对于理解需求至关重要。因此，有必要抽取这些概念，研究这些概念之间的关系。

UML 类图是表示领域数据模型的机制。类图用来描述软件系统中类以及类与类之间的关系，表示类的内部结构（类的属性和操作）。类图描述的是一种静态关系，它是从静态角度表示系统的，因此，类图建立的是一种静态模型，它在系统的整个生命周期内都是有效的。类图是构建其他图的基础，没有类图就没有状态图等其他图，也就无法表示系统其他方面的特性。

一个系统一般有多个类图，一个类图不一定包含系统中的所有类，一个类可以出现在多个类图中。类设计步骤如下。

1. 确定类

通过对系统中关键词的抽象确定类。例如，从新闻发布系统用户需求中可以发现一些关键词汇：用户信息、新闻信息、新闻栏目信息、新闻类别信息等。因此，可以在系统中抽象出用户、新闻、新闻栏目和新闻类别类。

2. 确定类的属性

例如,用户的属性有编号、姓名、密码、权限、E-mail、电话号码等;新闻栏目的属性有新闻栏目编号、名称、描述、顺序等;新闻类别的属性有新闻类别编号、名称、描述、顺序、栏目编号等;新闻的属性有新闻编号、新闻标题、类别编号、发布日期、新闻关键字、新闻内容、用户编号等。

3. 分析和建立类之间的关系

根据以上分析,得到新闻发布系统类图,如图 5-24 所示。

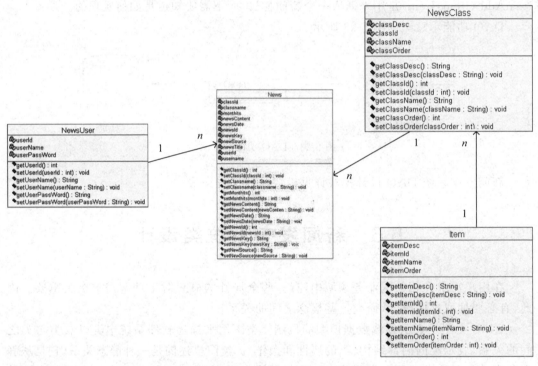

图 5-24 新闻发布系统类图

新闻发布系统其他类图详见模块设计报告。

5.7 新闻发布系统包设计

UML 包图是表示顶层架构的机制,包是 UML 支持对类分组的一种机制。可以从某种视角,将某些关联密切的类划分为一个包,而不同包的两个类的关联应比较松散。对于大型软件系统,包的划分是实现"分而治之"的重要技术手段。

建立顶层架构的主要目的是为后续的分析和设计活动建立一种结构与分划,以便开发人员在不同的开发阶段,以及同一开发阶段的不同开发人员,能够聚焦于系统的不同部分。顶层架构是分析和设计阶段的成果。随着开发过程的推进,框架中的内容不断丰富、翔实,最终演进为完整的面向对象软件结构。

1. 包图绘制原则

(1) 最小化包之间的依赖,最小化每个包中的 public、protected 元素的个数,最大化每个包中的 private 元素的个数。

(2) 在建模时应该避免包之间的循环依赖,也就是不能够包含相互依赖的情况。

2. 包图建模技术

当为较复杂的系统建模时,使用包是非常有效的建模方法。包将建模元素按语义分组,从而使得复杂的系统模型能够被构造、表达、理解和管理。建立包图的具体做法如下。

(1) 分析系统的模型元素(通常是对象类),把概念上或语义上相近的模型元素纳入同一个包。

(2) 对于每一个包,标出其模型元素的可视性,确定包内每个元素的访问属性,是公共、保护或私用。

(3) 确定包与包之间的依赖关系,特别是引入依赖。

(4) 确定包与包之间的泛化关系,确定包元素的多重性与重载。

(5) 绘制包图。

(6) 对结果进行精化和细化。

新闻发布系统顶层包图如图 5-25 所示。

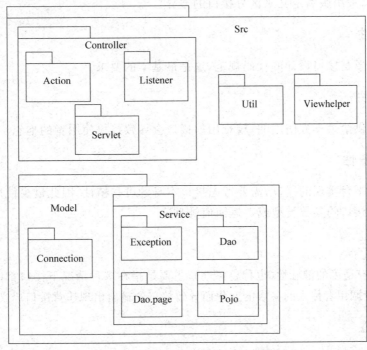

图 5-25 新闻发布系统顶层包图

在新闻发布系统中按照程序的层次，划分出 Controller、Model 以及 Viewhelper 三个包。其中，Controller 包内有 Action（封装应用分发器）、Listener（封装过滤器和监听器）和 Servlet（封装 Servlet 和前端控制器 DispatcherServlet）三个子包；Model 包内有 Connection（封装数据库连接类）和 Service 两个子包，Service 包内有 Dao（封装所有的数据访问对象）、Dao.page（封装分页检索）、Exception（封装异常处理）和 Pojo（所有的 VO 对象）四个子包；此外，还有一个辅助类的包 Util 和视图助手包 Viewhelper。更多详细内容见模块设计报告。

5.8 新闻发布系统接口设计

系统接口包括内部接口、外部接口和用户接口。接口是一个类提供给另一个类的一组操作。如果一个类和另一个类之间没有继承关系，但又包括同样一些操作，则可以通过接口来使得不同类之间重用这些操作。

设计接口的基本要求如下。

1. 稳定性

接口必须相对稳定，否则将导致接口的使用者和提供者为了适应新接口而不断修改接口的实现，可能重复做无用功，严重时影响整个软件开发进度。那么如何保证设计的接口相对稳定呢？首先，接口的语义必须明确。包括接口调用方法、接口名称、参数的类型和名称。其次，采用版本定义来区分接口的差异。

2. 规范性

规范性主要是接口设计的代码规范，这是最基本的要求。

3. 易用性

接口是提供给第三方使用的，较难用的接口会导致接口使用者的抱怨。

4. 可移植性

对于在多平台实现的接口，需要考虑接口本身的可移植性，因此最少使用对于系统依赖的类型作为接口的参数类型或者返回值类型。

5. 健壮性

接口需要有适度的健壮性（也称鲁棒性），主要是指在多种情况下接口都能实现统一的效果，不会随着调用者传入的参数的变化而导致接口的输出出现违背接口语义的情况出现。

6. 安全性

接口定义时需要严格限制参数的读/写权限，以免出现非法使用。

7. 兼容性

这是接口扩充的原则,必须保证同一个接口实现后向兼容前一版本的使用。扩充的同类接口也能兼容老接口的实现。

新闻发布系统的 DAO 层接口规范:DAO 层的作用是操作数据库,每一个接口对应数据库中的一张表,可以被多个 Service 调用。DAO 层接口中所有的方法都与数据库的"增、删、改、查"相联系。所有的 DAO 层接口都必须继承自 BaseDAO。

新闻发布系统的其他接口详见模块设计报告。

5.9 新闻发布系统数据库设计

新闻发布系统数据库设计.mp4

根据领域类图,进行系统数据库设计。领域类图描述的是系统中的数据对象,又称为对象模型,对象模型是属于概念级别的模型,需要映射为表才能被计算机存储。

1. 数据库设计原则

(1) 每一个类映射为一张数据库表,类的属性即为表的属性。如 NewsUser 类映射为 User 表,Item 类映射为 Item 表,UserClass 类映射为 Class 表,News 类映射为 News 表。

(2) 关系映射。

① 一对一的关系映射为数据库表的主外键关联,在任意端的属性中加入另一端的主键做外键。

② 一对多的关系映射为数据库表的主外键关联,一端的主键加入 n 端成为外键。

③ 多对多的关系映射为一张单独的表,两个多端的主键成为该表的外键,两个外键的组合成为该表的主键。

2. 数据库概念结构设计

通过分析新闻发布系统中用户、栏目、类别和新闻四个实体之间的联系,画出数据库 E-R 图如图 5-26 所示。

3. 数据库逻辑结构设计

逻辑结构设计的任务就是把概念结构设计阶段设计好的 E-R 图转换为与选用数据库管理系统产品所支持的数据模型相符合的逻辑结构。本例是将上述 E-R 图按数据库设计原则转换成关系模型,即将类和类之间的联系转换为以下的关系模式(带下画线的为主键,带♯的为外键)。

用户(<u>用户标识</u>,用户名称,密码)
新闻类别(<u>类别标识</u>,类别名称,类别描述,类别顺序,♯ 栏目标识)
新闻栏目(<u>栏目标识</u>,栏目名称,栏目描述,栏目顺序)
新闻(<u>新闻标识</u>,新闻标题,♯ 类别标识,发布日期,新闻关键字,新闻来源,新闻内容,♯ 用户标识,点击量)

图 5-26 新闻发布系统数据库 E-R 图

然后，利用关系数据库范式理论对关系模式检查，进行数据模型的优化，从而考察领域类图的分析是否合理，消除冗余数据，使其至少满足数据库三范式的要求。

4. 数据库物理设计

（1）用户表。用户表如表 5-19 所示。

表 5-19 用户表

表名	User		
列名	数据类型	约束条件	说明
UserId	int	非空，主键	用户标识
UserName	varchar(10)		用户名称
UserPassword	varchar(20)		用户密码

（2）新闻栏目表。新闻栏目表如表 5-20 所示。

表 5-20 新闻栏目表

表名	Item		
列名	数据类型（精度范围）	约束条件	说明
ItemId	int	非空，主键	栏目标识
ItemName	varchar(50)		栏目名称
ItemDesc	varchar(200)		栏目描述
ItemOrder	int		栏目顺序

（3）新闻类别表。新闻类别表如表 5-21 所示。

表 5-21 新闻类别表

表名	Class		
列名	数据类型(精度范围)	约束条件	说明
ClassId	int	非空,主键	类别标识
ClassName	varchar(30)		类别名称
ClassDesc	varchar(200)		类别描述
ClassOrder	int		类别顺序
ItemId	int	外键	栏目标识

(4) 新闻信息表。新闻信息表如表 5-22 所示。

表 5-22 新闻信息表

表名	News		
列名	数据类型(精度范围)	约束条件	说明
NewsId	int	非空,主键	新闻标识
NewsTitle	varchar(100)		新闻标题
NewsConent	longtext		新闻内容
NewsDate	datetime		新闻发布日期
NewsKey	varchar(20)		新闻关键字
NewsSource	varchar(100)		新闻来源
ClsssId	int	外键	类别标识
UserId	int	非空,外键	用户标识
Hits	int		点击量

MySQL 是一个轻量级、支持多线程、高并发、多用户的关系型数据库管理系统。由于 MySQL 具有免费、安全、跨平台、体积小、速度快、稳定性好、功能强大和开放源代码等特点,完全符合校园新闻发布系统的要求,因此,新闻发布系统后台数据库使用 MySQL。

5.10 新闻发布系统动态结构设计

5.10.1 绘制状态图

状态图(state diagram)主要用于建立类或对象的动态行为模型,表现一个对象所经历的状态序列,引起状态或活动转移的事件,以及因状态或活动的转移而伴随的动作。一般可以用状态机对一个对象的生命周期建模,状态图用于显示状态机(state machine),重点在于描述状态图的控制流。

1. 状态机

(1) 状态机是展示状态与状态转换的图。

(2) 状态机包含了一个类的对象在其生命周期所有状态的序列以及对象对接收到的事件所产生的反应。

(3) 利用状态机可以精确地描述对象的行为。

2. 状态图

(1) 一个状态图表示一个状态机。

(2) 状态图表现从一个状态到另一个状态的控制流。

(3) 状态图由表示状态的节点和表示状态之间转换的带箭头的直线组成。

3. 状态图的建模技术

(1) 找出适合用模型描述其行为的类。

(2) 确定对象可能存在的状态。

(3) 确定引起状态转换的事件。

(4) 确定转换进行时对象执行的相应动作。

(5) 对建模结果进行精化和细化。

并不是所有的类都需要画状态图。有明确意义的状态、在不同状态下行为有所不同的类才需要画状态图。

4. 状态图的绘制步骤

(1) 阅读软件需求规格说明。

(2) 读懂系统用例图。

(3) 阅读用例描述文档。

(4) 根据用例描述文档画出状态转换图。

5. 新闻发布系统状态图

根据"用户登录"用例描述,画出状态图,如图 5-27 所示。

图 5-27 "用户登录"用例状态图

根据"新闻信息维护"用例描述,画出添加新闻信息状态子图,如图 5-28 所示。

5.10.2 绘制顺序图

顺序图(sequence diagram)描述了对象之间动态交互的情况,着重表示对象间消息传

图 5-28 添加新闻信息状态子图

递的时间顺序。对系统动态行为建模。当强调按时间展开信息的传送时,一般使用顺序图。

下面首先学习顺序图的浏览方法;其次,以新闻发布系统中新闻类别的添加、修改和删除操作为例,学习顺序图的绘制方法。

1. 浏览顺序图

浏览顺序图的方法:从上到下按时间的顺序查看对象之间交互的消息。

【实例 5-3】 学生上课准备顺序图(图 5-29)。

图 5-29 学生上课准备顺序图

2. 绘制添加新闻类别顺序图

根据新闻发布系统需求分析阶段"新闻类别管理"用例描述,后台管理员登录进入系统后台后,根据需要添加新闻类别,完成添加新闻类别操作。根据用例描述绘制出的添加新闻类别顺序图如图 5-30 所示。

3. 绘制修改新闻类别顺序图

同理,根据新闻发布系统需求分析阶段"新闻类别管理"用例描述,可以绘制出修改新闻类别顺序图,如图 5-31 所示。

4. 绘制删除新闻类别顺序图

删除新闻类别顺序图如图 5-32 所示。

图 5-30 添加新闻类别顺序图

图 5-31 修改新闻类别顺序图

图 5-32 删除新闻类别顺序图

5.10.3 绘制协作图

对系统动态行为建模,当按照对象的组织对控制流建模时,应该选择使用协作图 (collaboration diagram)。协作图强调交互中实例间的结构关系以及所传送的消息。协作图对复杂的迭代和分支的可视化以及对多并发控制流的可视化要比顺序图好。

1. 协作图与顺序图的区别

(1) 协作图强调参与交互的对象的组织,而顺序图强调消息的时间顺序。

(2) 协作图有路径和链,并且消息必须有消息顺序号,顺序图中有生命线和控制焦点。

2. 协作图建模技术

使用协作图对系统建模时,可以遵循以下策略。

(1) 设置交互的语境。语境可以是系统、子系统、操作、类、用例或用例的脚本。

(2) 通过识别对象在交互中所扮演的角色,开始绘制协作图,把这些对象作为图的顶点放在协作图中。

(3) 在识别了协作图对象后,为每个对象设置初始值。如果某对象的属性值、标记值、状态或角色在交互期发生变化,则在图中放置一个复制对象,并用变化后的值更新它,然后通过构造型≪become≫或≪copy≫的消息将两者连接。

(4) 根据对象间的关系确定对象间链接。一般先确定关联的链接,因为这是最主要的,它代表了结构的链接。然后需要确定的是其他的链接,用合适的路径构造型修饰它们,这表达了对象间是如何相互联系的。

(5) 从引起交互的消息开始,按消息的顺序,适当地设置其顺序号,然后把随后的每个消息附到适当的链接上。

(6) 如果需要说明时间约束或空间约束,可以用时间约束和空间约束来修饰每个消息。

(7) 如果需求更详细地说明这个控制流,可以为每个消息附上前置条件和后置条件。
新闻发布系统"新闻管理"协作图如图5-33所示。

图 5-33 协作图示例

5.11 编写文档

5.11.1 编制软件测试计划

为保证软件的可测试性,在软件的设计阶段就要考虑软件测试方案问题。在概要设计阶段,测试方案主要根据系统功能来设计,称为黑盒法测试。在详细设计阶段,主要根据程序的结构来设计测试方案,称为白盒法测试。本书将在任务8详细介绍软件测试的目标、步骤及测试方案的设计。

"软件测试计划"(STP)描述对计算机软件配置项,系统或子系统进行合格性测试的计划安排。内容包括进行测试的环境、测试工作的标识及测试工作的时间安排等。通常每个项目只有一个STP,使得需方能够对合格性测试计划的充分性做出评估。

在设计阶段应完成软件测试计划的初稿,在实现阶段应完成测试计划的编制。

《计算机软件文档编制规范》(GB/T 8567—2006)规定的软件测试计划的主要内容如下。

(1) 系统概述。简述文档适用的系统和软件的用途,它应描述系统和软件的一般特性;概述系统开发、运行和维护的历史;标识项目的投资方、需方、用户、开发方和支持机构;标识当前和计划的运行现场;列出其他有关的文档。

(2) 文档概述。

(3) 基线。给出编写软件测试计划的输入基线,如软件需求规格说明。

(4) 软件测试环境。

(5) 计划。具体内容包括总体设计、计划执行的测试、测试用例等。

(6) 测试进度表。

(7) 需求的可追踪性。

(8) 评价。

5.11.2 编制软件概要设计说明

"软件(结构)设计说明"(SDD)描述了计算机软件配置项(CSCI)的设计。它描述了CSCI级设计决定、CSCI体系结构设计(概要设计)和实现该软件所需的详细设计。

按照《计算机软件文档编制规范》(GB/T 8567—2006)的要求在概要设计阶段要完成软件概要设计,其包括的主要内容如下。

(1) 程序(模块)划分。用一系列图表列出本CSCI内的每个程序(包括每个模块和子程序)的名称、标识符、功能及其所包含的源标准名。

(2) 程序(模块)层次结构关系。用一系列图表列出本CSCI内的每个程序(包括每个模块和子程序)之间的层次结构与调用关系。

(3) 全局数据结构说明。说明本程序系统中使用的全局数据常量、变量和数据结构。

(4) CSCI部件。

(5) 执行概念。执行控制流、数据流、动态控制序列、状态转换图、顺序图、配置项之间的优先关系、中断处理、时间/序列关系、异常处理、并发执行、动态分配与去分配、对象/进程/任务的动态创建与删除和其他的动态行为。

(6) 接口设计。分条描述软件配置项的接口特性,既包括软件配置项之间的接口,也包括与外部实体,如系统、配置项及用户之间的接口。

5.11.3 编制数据库设计说明

《计算机软件文档编制规范》(GB/T 8567—2006)要求数据库设计说明内容如下。

(1) 引言。内容包括标识、数据库概述和文档概述。

(2) 引用文件。

(3) 数据库级设计决策。

(4) 数据库详细设计。内容包括概念结构设计、逻辑结构设计和物理结构设计。

(5) 用于数据库访问或操作的软件配置项的详细设计。

5.12 习　　题

1. 简答题

（1）什么是面向对象设计？面向对象设计的内容有哪些？有哪些设计原则？
（2）常用的软件体系结构有哪些？各有什么特点？
（3）简述 MVC 设计模式。
（4）类设计的步骤有哪些？
（5）简述包图建模技术。
（6）简述接口设计原则。
（7）简述状态图和协作图建模技术。

2. 操作题

（1）设计目标系统的体系结构、为目标系统选择合适的模式，选择开发环境和运行平台。
（2）完成目标系统的静态结构设计和动态结构设计。
（3）完成目标系统数据库的逻辑设计和物理设计。
（4）编写软件概要设计说明和数据库设计说明，以项目组为单位提交。注意它们的结构和写法，参考《计算机软件文档编制规范》（GB/T 8567—2006）编写。

任务6 新闻发布系统详细设计

- 能力目标
  - 能够使用用户界面设计工具完成项目界面设计。
  - 能够画出软件的程序流程图。
  - 能够使用设计工具,完成目标系统的详细设计。
  - 能够编写软件详细设计说明。
- 知识目标
  - 了解详细设计的任务和步骤。
  - 掌握详细设计的概念、方法和详细设计过程。
  - 了解界面设计规范,熟悉常见的用户界面风格。
  - 掌握软件详细设计说明的内容要求和编写规范。

任 务 导 入

概要设计阶段完成了软件系统的总体设计,确定了各个模块的功能及模块之间的联系,再进一步就要考虑如何实现各个模块所规定的功能。详细设计也称为过程设计或程序设计,它不同于编码或编程。在详细设计阶段,要决定各个模块的实现算法,并精确地表达这些算法。详细设计阶段的根本目标是确定应该怎样具体地实现目标系统,也就是说,经过这个阶段的设计工作,应该得出对目标系统的精确描述,从而在编码阶段可以把这个描述直接翻译成用某种程序设计语言书写的程序。

详细设计阶段输出的文档是软件详细设计说明以及程序流程图、盒图、PAD图、判定树、判定表、过程设计语言等。对处理过程的算法和数据库的物理结构都要进行评审,要求算法逻辑上正确描述简明易懂。

任 务 清 单

(1) 完成新闻发布系统界面设计。
(2) 编写新闻发布系统用户界面设计报告。
(3) 画出"新闻管理"用例的流程图。
(4) 编写软件详细设计说明。

6.1 案例——新闻发布系统用户界面设计报告

新闻发布系统"用户界面设计报告"是为了开发新闻发布系统而编写,主要面向系统分析员、程序员、测试员、实施员和最终用户。它是整个软件开发的依据,对以后阶段的工作起指导作用,也是项目完成后系统验收的依据。主要包含文档介绍、界面设计规范、界面关系图和主要界面说明几部分。本书由于篇幅所限,略去了文档介绍部分。

6.1.1 应当遵循的界面设计规范

界面是软件与用户交互的最直接的层,界面的好坏决定了用户对软件的第一印象。而且设计良好的界面能够引导用户自己完成相应的操作,起到指导作用。

1. 易用性

按钮名称应该易懂,用词准确,摒弃模棱两可的字眼,要易于与同一界面上的其他按钮区分,能望文知意最好,理想的情况是用户不用查阅帮助就能知道该界面的功能并进行相关的正确操作。

2. 规范性

通常界面设计都按 Windows 界面的规范来设计,即包含"菜单条、工具栏、状态栏、滚动条、右键快捷菜单"的标准格式,可以说,界面遵循规范化的程度越高,则易用性相应就越好。

3. 帮助设施

系统应该提供详尽而可靠的帮助文档,在用户使用产生迷惑时可以自己寻求解决方法。

4. 合理性

屏幕对角线相交的位置是用户直视的地方,正上方 1/4 处为易吸引用户注意力的位置,在放置窗体时要注意利用这两个位置。

5. 美观性与协调性

界面应该大小适合美学观点,感觉协调舒适,能在有效的范围内吸引用户的注意力。

6.1.2 界面设计

1. 界面及功能

新闻发布系统界面一览表如表 6-1 所示。

表 6-1 新闻发布系统页面一览表

界面名称	界面标识	功 能 说 明
登录	login.jsp	对用户的身份进行验证
管理员管理	admin.jsp	根据用户权限进入管理页面（管理员管理、分类管理、管理日志、使用帮助）
用户管理	user_add.jsp	添加新用户
	user_manager.jsp	对用户进行修改、删除、锁定、审核等管理
栏目管理	item_add.jsp	添加新闻栏目
	item_manager.jsp	对栏目进行修改和删除
类别管理	class_add.jsp	添加新闻类别
	class_manager.jsp	对类别进行修改、删除操作
新闻发布	news_add.jsp	发布新闻
新闻管理	news_manager.jsp	对新闻进行修改、删除操作
使用帮助	help.html	系统使用说明

2. 界面关系

新闻管理系统界面关系图如图 6-1 所示。

图 6-1 新闻管理系统界面关系图

3. 主要界面设计

(1) 新闻发布系统登录页面。新闻发布系统登录页面 login.jsp 如图 6-2 所示。

图 6-2　新闻发布系统登录页面

通过新闻发布系统登录页面，管理员可登录到后台管理页面，注册用户可登录到新闻管理页面。

(2) 管理员管理主页面。管理员管理主页面 admin.jsp 如图 6-3 所示。

图 6-3　管理员管理主页面

管理员管理主页面中的控件如表 6-2 所示。

表 6-2　管理员管理主页面中的控件

菜单名	功　　能
用户管理	进入用户管理页面,添加用户和管理用户
栏目管理	进入栏目管理页面,添加栏目和管理栏目
类别管理	进入类别管理页面,添加类别和管理类别
新闻管理	进入新闻管理页面,修改新闻和删除新闻
使用帮助	进入系统使用帮助页面

（3）添加新闻栏目页面。添加新闻栏目页面 item_add.jsp 如图 6-4 所示。

图 6-4　添加新闻栏目页面

栏目名称和栏目描述不能为空,且不能包含非法字符。系统应该能对用户提交的数据进行验证,并显示提示信息。栏目顺序数据由系统自动产生,不需要用户添加,为数据库中最大栏目值加 1。进行添加操作时,则会提示管理员不能继续添加。

添加栏目页面中的控件如表 6-3 所示。

表 6-3　添加栏目页面中的控件

控件类型	控件名称	描　　述
文本框（text）	ClassName	栏目名称
文本框（text）	Description	栏目描述
文本框（text）	Order	栏目顺序

（4）新闻栏目管理页面。新闻栏目管理页面 item_manager.jsp 如图 6-5 所示。

图 6-5　新闻栏目管理页面

用户可以在此页面中修改和删除栏目信息。栏目顺序只能是数字,若不是数字,则提示"顺序只能输入数字!"。当单击"删除"图标时,系统首先要检查该栏目中是否有新闻类别。若栏目中没有新闻类别,则弹出删除操作确认窗口,单击"是"按钮,则提交用户请求,删除所选栏目,返回当前页面;若单击"否"按钮,则返回当前页,取消删除操作;若有内容,则栏目不能被删除,并提示管理员"您只能删除空类别"。

新闻栏目管理页面中的控件如表 6-4 所示。

表 6-4 新闻栏目管理页面中的控件

控 件 类 型	控 件 名 称	描　　述
文本框(text)	Textfield(栏目名称)	输入文本(要修改的栏目名称)
文本框(text)	Textfield2(栏目描述)	输入文本(要修改的栏目描述)
文本框(text)	Textfield3(栏目顺序)	输入文本(描述信息顺序)
超链接(删除)		删除当前栏目

(5) 添加类别页面。添加类别页面 class_add.jsp 如图 6-6 所示。

图 6-6　添加类别页面

添加新闻类别时,分类名称和分类描述不能为空,且不能包含非法字符。对用户提交的数据系统要进行合法性检查,并提示用户,提示信息如图 6-7 所示。新闻类别顺序要求自动生成,数值为直接从数据库中读取当前最大顺序的值并加 1。

图 6-7　新闻发布系统提示信息(1)

添加类别页面中的控件如表 6-5 所示。

表 6-5 添加类别页面中的控件

控 件 类 型	控 件 名 称	描　　述
文本框(text)	(oneClassName)	输入文本(要添加的栏目及描述信息顺序)
下拉列表框(select)	select	选择增加在哪个栏目下的类别
文本框(text)	(dscription)	输入分类描述
提交按钮(submit)	(quent)	输入分类顺序

(6) 类别管理页面。类别管理页面 class_manager.jsp 如图 6-8 所示。

当执行删除操作时,系统应该先检查该类别下是否有新闻,若有新闻则不能删除,否则系统询问是否删除当前类别,选择"是"则提交用户请求,删除所选类别,返回当前页面;若选"否"则返回当前页面,取消删除操作。

类别管理页面中的控件如表 6-6 所示。

图 6-8 类别管理页面

表 6-6 类别管理页面中的控件

控件类型	控件名称	描述
文本框(text)	ClassName(分类名称)	输入文本(要修改的类别及描述信息顺序)
下拉列表框(select)	Itemid(所属栏目)	选择新闻类别所属栏目
文本框(text)	Description(描述)	修改当前类别信息(返回当前页面)
文本框(text)	order(顺序)	类别顺序

(7) 新闻发布界面。新闻发布页面 news_add.jsp 如图 6-9 所示。

图 6-9 新闻发布页面

其中,新闻标题、关键字和信息内容不能为空,系统对用户提交的数据要进行合法性检查,如果必填信息没有填写完成,单击"保存"按钮,系统会弹出信息提示窗口,提示信息不能为空,如图 6-10 所示。

图 6-10 新闻发布系统提示信息(2)

新闻发布页面中的控件如表 6-7 所示。

表 6-7 新闻发布页面中的控件

控件类型	控件名称	描述
文本框(text)	News_Title	输入新闻标题（新闻标题不能为空）
下拉列表框(select)	News_Item	选择栏目
下拉列表框(select)	News_Class	选择类别
文本框(text)	News_Key	输入关键字
文本框(text)	News_Date	发布时间
文本框(text)	News_userID	发布人
文本框(text)	News_Source	信息来源
文本区(textarea)	EditorDefault	信息内容
Submit	Submit	提交要发布的新闻
Submit2	Submit2	重新填写要发布的新闻

（8）新闻管理页面。新闻管理页面 news_manager.jsp 如图 6-11 所示。

图 6-11 新闻管理页面

在新闻管理页面可以检索新闻和对新闻进行管理。单击"编辑"图标，进入新闻编辑页面，可以修改新闻标题、信息来源、关键字、内容、变换新闻类别；单击"删除"图标，弹出删除确认提示窗口，确认后可以删除新闻。新闻可以一条一条地删除，也可以批量删除。所有新闻分页显示，每个页面只能显示十条新闻。

新闻管理页面中的控件如表 6-8 所示。

表 6-8 新闻管理页面中的控件

控件类型	控件名称	描述
文本框(text)	Key	输入要检索的新闻标题或内容或关键字
下拉列表框(select)	First_Class	选择是按内容还是按标题或关键字搜索新闻
下拉列表框(select)	Go_First_Class	选择将所选新闻移动到哪个类别下
按钮(button)	Go	搜索按钮
按钮(button)	Move	移动按钮
按钮(button)	Del	删除按钮
复选框(checkbox)	CheckAll	通过选中此项使所有的新闻全选中

（9）浏览新闻页面。新闻列表页面 news_list.jsp 如图 6-12 所示。

图 6-12　新闻列表页面

浏览新闻页面 news_view.jsp 如图 6-13 所示。

图 6-13　浏览新闻页面

6.2 绘制新闻发布系统程序流程图

6.2.1 程序流程图基本知识

程序流程图是人们对解决问题的方法、思路或算法的一种描述。程序流程图的优点如下。
(1) 采用简单规范的符号,画法简单。
(2) 结构清晰,逻辑性强。
(3) 便于描述,容易理解。
(4) 表达算法简明直观,易于学习掌握,是一种常用的详细设计工具。

1. 程序流程图中常用的标准符号

程序流程图中常用的标准符号如表 6-9 所示。

表 6-9 程序流程图中常用的标准符号

符 号 名	使 用 图 形	意 义
端点符		表示流程图的开始或结束
输入/输出符		表示数据的输入/输出
处理符		表示对数据的处理
特定处理符		表示调用子程序等
准备符号		表示初始状态
判断符号		表示条件判断,有判断结果决定如何执行
循环开始符		表示循环开始
循环结束符		表示循环结束
连接符		表示流程图中的转移处
流线符号		表示连接程序流程图中各符号

2. 程序流程图的基本结构

程序流程图有顺序、选择和循环三种基本结构,如图 6-14 所示。

6.2.2 绘制程序流程图的方法

1. 用例详细设计步骤

(1) 阅读用例描述文档。

任务6 新闻发布系统详细设计

图 6-14 程序流程图的基本结构

（2）考虑实现此用例需要哪些数据，数据从哪里来。
（3）需要哪些操作来处理数据，这些操作从哪里获得。
（4）产生哪些数据，这些数据怎么在界面上显示。
（5）把第（1）~（4）步的结果进行汇总，形成用例的详细设计，画出程序流程图。

2. 新闻发布系统程序流程图

通过阅读新闻发布系统"用户登录"和"新闻管理"用例描述，画出其程序流程图。其中"用户登录"用例流程图如图 6-15 所示。

图 6-15 "用户登录"用例流程图

添加新闻类别程序流程图如图6-16所示。
修改新闻类别程序流程图如图6-17所示。

图 6-16 添加新闻类别程序流程图

图 6-17 修改新闻类别程序流程图

设计数据代码

6.3 设计数据代码

在计算机软件系统中,如果存放的数据量很大时,需要对数据进行代码设计,目的是将自然语言转换成便于计算机处理的、无二义性的形态,从而提高计算机的处理效率和操作性能。

1. 代码的定义和作用

代码是用一些字母、数字的组合来代表客观存在的实体或实体属性。使用代码方便数据的存储、检索和排序处理,节省机器运算时间和存储空间,有利于简化处理程序,提高处理效率和精度。

2. 代码设计原则

(1) 标准化。尽可能采用国际标准、国家标准、部颁标准或习惯标准,以便信息的交换和维护。如身份证号要根据国家标准编码。

(2) 唯一性。一个代码只代表一个信息,每个信息只有一个代码。

(3) 可扩充性。设计代码时要留有余地,方便代码的更新、扩充。不需要变动原代码体系,可直接追加新代码,以适应系统发展。

(4) 简单性。尽量压缩代码长度,以降低出错机会。

(5) 规范化。代码的结构、类型、缩写格式要统一。

(6) 适应性。代码要尽可能反映信息的特点,唯一的标识某些特征,如物体的大小、形状、颜色,材料的型号、规格、透明度等。

3. 代码类型

代码类型是指代码符号的表示形式,进行代码设计时可选择一种或几种代码类型组合。

(1) 顺序码。顺序码是用连续的数字进行编码,如 1、2、3…,把要编码的数据项按自然顺序或人为规定的顺序依次连续编码,分不等位码和等位码。其优点是简单、易处理、易扩充、用途广;缺点是没有逻辑含义、不能表示信息特征、无法插入、删除数据将造成空码。

(2) 区段码(块码)。区段码是将代码按某些规则分成若干组(区段),每组分别代表编码对象的某一类别,各组内代码常采用顺序码。其优点是简单、方便、能够反映出分类体系、易校对、易处理;缺点是位数多不便记忆,必须为每段预留编码,否则不易扩充。

例如,中华人民共和国行政区划代码(GB/T 2260—2007)就是典型的区段码,其代码结构由 6 位数字组成,其中,前两位代表省、直辖市,如 11 代表北京,12 代表天津等;中间两位表示市、地、州等;后两位表示区、县等。

(3) 表意码。表意码将表示实体特征的字母、数字或字母数字结合在一起直接作为编码。其优点是可以直接明白编码含义、易理解、易记忆;缺点是编码长度位数可变,给分类、处理带来不便。例如,网站代码。

(4) 专用码。专用码是具有特殊用途的编码,如汉字国标码、五笔字型编码、自然码、ASCII 代码等。

(5) 组合码。组合码也叫合成码、复杂码。它由若干种简单编码组合而成,使用十分普遍。其优点是容易分类,容易增加编码层次,可以从不同角度识别编码,容易实现多种分类统计;缺点是编码位数和数据项个数较多。

公民身份证号码是特征组合码。如 18 位身份证号码的第 1~6 位为地区代码,第 7~10 位为出生年份,第 11、12 位为出生月份,第 13、14 位为出生日期,第 15~17 位为顺序号,奇数为男,偶数为女,第 18 位为校验位。

4. 代码的校验

为了减少编码过程中的错误,需要使用编码校验技术。这是在原有代码的基础上,附加校验码的技术。校验码是根据事先规定好的算法构成的,将它附加到代码本体上以后,成为代码的一个组成部分。当代码输入计算机以后,系统将会按规定好的算法验证,从而检测代码的正确性。

常用的简单校验码是在原有代码上增加一个校验位,并使得校验位成为代码结构中的一部分。系统可以按规定的算法对校验位进行检测,校验位正确,便认为输入代码正确。

5. 代码设计步骤

(1) 分析数据,确定编码对象。

(2) 确定代码使用范围和使用期限。

(3) 确定代码体系和代码位数。

(4) 确定编码规则。

(5) 编写代码。

(6) 编写代码规格说明。

6. 软件中常用的编码

软件中常用的编码有人员代码、部门代码、物资代码、设备代码。这些编码的设计方法如下。

(1) 人员代码。人员代码涉及人事劳资部门，一般有两种编码方法：一种是使用简单的顺序码，代码位数可以根据企业职工人数决定；另一种是使用组合码，因为这样便于分类、汇总。

(2) 部门代码。部门代码一般采用组合码，比如，使用 3 位数字编码。前 2 位作为一个企业各部门的编码，后 1 位作为部门内各科室、班组的编码。

(3) 物资代码。物资代码的设计既要考虑物资管理部门的要求，也要满足会计核算的要求。一般可以采用成组码，并且用表意码辅助。

(4) 设备代码。在设备代码中应反映设备的经济用途、使用情况、使用部门及设备类别等信息，所以一般使用组合码。

6.4 输入/输出设计

6.4.1 输入设计

输入设计的目标是保证向软件输入正确的数据。在此前提下，应尽量做到输入方法简单、迅速、经济、方便。

1. 输入设计的原则

(1) 最小量原则。最小量原则是指在保证满足处理要求的前提下使输入量最小，出错概率越少，花费时间越少，数据一致性越好。

(2) 简单性原则。输入的准备、输入过程应尽量容易，以减少错误的发生。

(3) 早检验原则。对输入数据的检验尽量接近原数据发生点，使错误能及时得到改正。

(4) 少转换原则。输入数据尽量用其处理所需形式记录，以免数据转换时发生错误。

2. 输入设计的内容

(1) 确定输入数据内容。它包括确定输入数据项名称、数据内容、精度、数值范围。

(2) 确定数据的输入方式。它主要采用联机终端输入或是脱机输入。

(3) 确定输入数据的记录格式。
(4) 选择输入数据的正确性校验方法,保证输入数据的正确性。
(5) 确定输入设备。

6.4.2 输出设计

输出设计是评价软件系统能否为用户提供准确、及时、适用的信息的标准之一。从系统开发的角度看,输出决定输入,即输入信息只有根据输出要求才能确定。

输出设计的内容如下。

(1) 确定用户在使用信息方面的要求。使用目的、输出速度、频率、数量、安全性要求等;输出项目及数据结构、数据类型、位数及取值范围、数据的生成途径、完整性及一致性的考虑等。

(2) 选择输出设备与介质。常用的输出设备有显示终端、打印机等。输出介质有纸张、磁盘、光盘、多媒体介质等。

(3) 确定输出格式。满足使用者的要求和习惯,达到格式清晰、美观、易于阅读和理解的目的。

6.4.3 新闻发布系统部分输入/输出数据说明

新闻发布系统中类别管理输入/输出数据说明见表 6-10。

表 6-10 类别管理输入/输出数据说明

项 目	数据类型	I/O	要 求		
			必填/必显	范围	举 例
新闻栏目代码	数字	O	√	定制	4
新闻栏目名称	字符	O	√	定制	校内新闻
类别名称	字符	I/O	√		技能大赛
类别序号	数字	O	√	定制	2
类别描述	字符	I/O	×		学生职业技能比赛

说明:定制是指不受用户干预的数据。例如,从数据库中读取出来的数据,或是消息对话框中显示的数据。

新闻信息输入/输出数据说明见表 6-11。

表 6-11 新闻信息输入/输出数据说明

项 目	数据类型	I/O	要 求		
			必填/必显	范围	举 例
新闻标识	字符	O	√	定制	1101
新闻标题	字符	I/O	√		嵌入式开发学术报告

续表

项 目	数据类型	I/O	要 求		
			必填/必显	范围	举 例
发布人	字符	I/O	×		张三
新闻来源	字符	I/O	√		信息工程学院
发布时间	日期	I/O	×	定制	2014-11-15
关键字	字符	I/O	×		
内容	字符	I/O	√		
点击量	数字	I/O	×	定制	

说明：定制是指不受用户干预的数据。例如，从数据库中读取出来的数据，或是消息对话框中显示的数据。

6.5 用户界面设计

用户界面设计是软件与使用它的人之间的通信接口的设计。界面技术从20世纪DOS字符界面到Windows图形界面(或图形用户界面)，直至浏览器界面三个不同的发展时期。软件用户界面的发展经历了从简单到复杂、从低级到高级的过程，用户界面在软件系统中的价值比重越来越高。

用户界面是软件与用户交互的最直接的层，是应用程序中重要的部分和最直接的体现者，界面的好坏决定了用户对软件的第一印象。设计良好的界面能够引导用户自己完成相应的操作，起到向导的作用。而实际软件开发的工作中，往往只强调功能而忽略了界面的设计，因此，必须制定出一套用户界面设计的规范，约束和指导软件开发者在用户界面中的设计。

1. 用户界面容易出现的设计缺陷

(1) 措辞含糊，某个术语表述的不清楚或不一致，导致用户非常迷惑甚至产生操作失误。

(2) 布局混乱，缺乏逻辑，让用户不知从何下手。

(3) 没有防错处理，不对用户输入的数据进行检验，不根据用户的权限自动隐藏或者禁用某些功能。在用户执行破坏性的操作之前，不提醒用户确认。

(4) 不提供进度条、动画来反映正在进行的比较耗时间的过程，对于重要的操作也不返回结果。

2. 用户界面设计的过程

在进行用户界面设计之前，需要根据用户需求确定要开发的软件架构模式。不同模式的软件，界面设计的方式不同。用户界面设计是一个迭代的过程，一般步骤如下。

(1) 先设计和实现用户界面原型。

(2) 用户试用该原型，向设计者提出对界面的评价。

(3) 设计者根据用户的意见修改设计并实现下一级原型。
(4) 不断进行下去,直到用户满意为止。

3. 用户界面设计的评价

(1) 界面评价可以从以下几个主要方面进行考虑。
① 用户对用户界面的满意程度。
② 用户界面的标准化程度。
③ 用户界面的适应性和协调性。
④ 用户界面的应用条件。
⑤ 用户界面的性价比。

(2) 一个友好的人机界面应该至少具备以下特征。
① 操作简单,易学,易掌握。
② 界面美观,操作舒适。
③ 快速反应,响应合理。
④ 用语通俗,语义一致。

4. 用户界面设计的要素

(1) 适合展现功能,符合市场需求。软件的功能需要通过用户界面来展现。毫无疑问,用户界面一定要适合软件的功能,这是最基本的要求。如果用户无法通过这个界面来使用软件,"易用性"根本就无从谈起。

"用户界面适合展现功能"是首要的设计原则,它提醒设计者不要片面追求界面外观漂亮而导致华而不实。

(2) 适合用户群体。一个软件产品可能有许多类型的用户,在设计用户界面时应当尽可能多地了解不同类型用户的使用习惯和水平,努力使不同类型用户在操作软件时感觉不到困难和麻烦。

如果不能使所有类型的用户都感到满意,那么重点满足"主流用户"和"有影响力的用户"。"主流用户"是指占最大比例的那种类型的用户。"有影响力的用户"可能不是主流用户,但是他们会影响其他用户对软件的印象。例如,互联网论坛版主、作家、传媒人士等。

(3) 界面容易被用户理解。
① 用户界面中的所有元素都不能出现错误文字、令人费解的文字,用词要正确、准确、清楚、一致。
② 图标按钮的含义一定要直观明了,最好给图标加文字说明,防止用户误解。
③ 所有的界面元素应当提供充分而必要的提示,例如,当鼠标光标移动到工具条上的某个图标按钮时,应当在该图标旁边出现功能提示。
④ 界面结构能够清晰地反映工作流程,以便用户按部就班地操作。
⑤ 文字信息和界面布局尽量与用户群体的使用习惯相匹配。
⑥ 对于复杂的用户界面而言,最好提供界面"向导",及时让用户知道自己在界面结构中所处的位置。例如,对于基于 Web 的应用软件,应该在界面上显示"当前位置",否则

用户很可能在众多的页面中迷失方向。

（4）一致性和个性化。用户界面风格一致的最大好处就是能够减少用户的记忆量、减少出错概率，并且迅速积累操作经验。

① 软件的用户界面中同类的界面元素应当有相同的视感和相同的操作方式。例如，命令按钮是最常见的界面元素，所有命令按钮的形状、色彩以及对鼠标的响应方式都是一致的。

② 同一类型软件的用户界面应当有一定程度的相似性。例如，微软公司的Office家族里有Word、Excel、PowerPoint、Outlook等软件，这些软件提供的"复制、剪切、粘贴"功能的操作方式都是相同的。

③ 通用软件产品的界面设计很注重一致性。设计者必须密切注意在相同应用领域中最流行的软件的界面，必须尊重用户使用这些软件的习惯。

④ 对于一些非常注重安全性的商业软件（如银行软件）而言，用户界面的"一致性"要比"个性化"重要得多，因为一致的用户界面可以减少用户出错的概率。例如，国内所有银行的自动取款机的用户界面都是非常相似的；而对于非严格系统的应用软件而言，个性化的界面可能更具有吸引力，尤其是娱乐领域的软件，用户更喜欢有个性的甚至是颠覆传统的用户界面。

⑤ 设计人员应当根据软件的需求以及广大用户的喜好，使用户界面具备必要的"一致性"的前提下，突出软件的"个性"。不但让用户使用起来方便，而且对软件留下了深刻的印象。

（5）及时反馈操作信息。当用户进行某项操作后，及时反馈信息很重要，至少要让用户心里有数，知道该任务处理得怎么样了，有什么样的结果。例如，下载一个文件，界面上应当显示"百分比"或相关数字来表示下载的进度，否则用户不知道要等待多长时间。如果某些事务处理不能提供进度等数据，那么至少要给出提示信息，如"正在处理，请等待……"等。

（6）防错和出错处理。用户在使用软件的过程中，不可避免地会出现一些错误的操作，因此，设计用户界面时必须考虑防错处理，让用户大胆操作。

常见的防错处理措施如下。

① 对输入数据进行校验。如果用户输入错误的数据，软件应当识别错误并且提示用户改正数据。对于在某些情况下不应该使用的菜单项和命令按钮，应当将其"失效"（变成灰色，可见但不可操作）或者"隐藏"。例如，对于某些软件，不同的用户有不同的操作权限。如果低权限的用户登录到系统，那些仅供高级权限用户使用的功能应当被隐藏，或者将其"失效"。

② 执行破坏性的操作之前，应当获得用户的确认。例如，用户删除一个文件时，应当弹出对话框："真的要删除该文件吗？"当用户确认后才真正删除文件。

③ 尽量提供Undo功能，用户可以撤销刚才的操作。

④ 如果发生意外或错误，应当及时给出告警消息和错误消息，提醒用户做出正确的处理。

（7）最少步骤、最高效率。设计用户界面时应当尽可能地替用户着想，让用户用最少的操作步骤获得最高的使用效率。例如，在使用字处理软件时，"新建""打开"或"保存"文件是最常用的菜单功能。为了提高操作效率,软件设计师把最常用的功能用图标按钮的形式摆放在工具条(ToolBar)上,这样用户直接单击图标按钮就可以执行"新建""打开"或"保存"等操作,只需一个操作步骤,显然大部分用户喜欢用图标按钮的方式。

(8) 合理的布局。

① 首先,界面的总体布局应当有一定的逻辑性,最好能够与工作流程吻合。其次,窗口(或页面)上的界面元素的布局应当整齐清爽。界面元素应当在水平方向或者垂直方向对齐,行、列的间距保持一致。

② 窗体的尺寸要合适,界面元素不应放得太满,边界处需要留有一定的空间,也不可过于宽松,显得零乱。

③ 界面元素需要一致的对齐方式,以避免参差不齐的视觉效果。同类的界面元素尽量保持大小一致,起码要保证高度或宽度的一致(如命令按钮)。逻辑相关的元素要就近放置,便于用户操作。

④ 要善于利用窗体和界面元素的空白,以及分割用的线条。

(9) 合理的色彩。相比于布局,设计合理的色彩就困难多了,因为色彩的组合千变万化,并且人们对颜色的喜好也极不相同。一般规律如下。

① 如果不是为了显示真实感的图形和图像,那么应当限制一帧屏幕的色彩数目,因为人们在观察屏幕时很难同时记住多种色彩。

② 应当根据对象的重要性来选择颜色,重要的对象应当用醒目的色彩表示。

③ 使用颜色时应当保持一致性,例如,错误提示信息用红色表示,正常信息用绿色表示,切勿乱用红色和绿色。

④ 在表达信息时,不要过分依赖颜色,因为有些用户可能色盲或色弱。

(10) 国际化。软件的国际化是大势所趋。为了能够更好地适应国内市场和国际市场,在设计用户界面时应当充分考虑语言和文化的差异,尽可能使用标准的图解方式和国际通行的语言,要求简单易懂,易于翻译,方便不同母语的用户使用。

5. UI 设计师常用的几种工具

(1) Sketch。Sketch 是一款适用于所有设计师的矢量绘图应用软件,是目前进行网页、图标以及界面设计的必不可少的软件之一。对于绝大多数的数字产品设计,Sketch 基本能替代 Adobe Photoshop、Illustrator 和 Fireworks。

(2) Figma。Figma 是一款基于浏览器的协作式 UI 设计工具,可用来完成用户界面设计、原型设计和交互设计等。

(3) Adobe XD。Adobe XD 是一款集移动应用、网页设计和原型制作于一体的设计软件,它为网站、手机、平板电脑等不同平台提供原型工具。

(4) Photoshop。Photoshop 是一款强大的图片处理软件,有着强大的图片编辑和处理功能,是 UI 设计师入门的必备界面设计工具。

(5) 国产软件。近几年,我国研发了不少 UI 设计工具软件,目前比较知名的有 Pixso、即时设计、MasterGo(莫高)、摹客、墨刀等。

6.6 数据安全设计

在设计计算机软件,尤其是进行计算机数据处理时,必须十分重视软件的安全性问题,重视软件的可靠性设计。

不同的应用领域,安全控制的目的有所区别。软件系统发生的事故类型可分为以下几类。

(1) 数据被破坏或篡改。

(2) 保密的数据被公开。

(3) 数据和系统不能为用户服务。

安全控制的目的是保证数据的正确性,保护数据的秘密,保证系统和数据的有效应用。常用的数据安全控制方法有以下几种。

1. 检查数据的正确性和完整性

(1) 属性控制。任何数据都应规定其合理的范围(如值域)。如果数据超出了规定的范围,出错处理变量的定义域应预先规定,在实现时予以说明,在运行时予以检查。应对参数、数组下标、循环变量进行范围检查。

(2) 数值运算范围的控制。进行数值运算时,应注意数值的范围及误差问题。在把数学公式实现成计算机程序时,要保证输入/输出及中间结果不超出机器数值表示的范围。

(3) 精度控制。应保证运算所要求的精度。要考虑计算机误差及舍入误差。应选定足够的数据有效位。

(4) 合理性检查。在软件的入口、出口及其他关键点上,应对重要的物理量进行合理性检查,并采取便于故障隔离的处理措施。

(5) 特殊问题。在进行数学运算时,应仔细考虑浮点数接近零时的处理方式,在可能发生下溢时,使用适当小的浮点数替代零,以避免下溢情况发生。在含有浮点数的关系判断中,不应直接进行相等关系判断。在软件设计时应考虑某些硬件(如数字协处理器)出错的处理,对在使用这些硬件的过程中出现的异常情况进行实时恢复。

2. 用户的身份验证和权限检查

当用户登录时,可以通过用户名和密码、磁卡和集成电路芯片、数字证书、指纹、虹膜、人脸识别等对用户身份进行验证。此外,管理员需要对每个用户分配账号并授权。每个账号都有一定的访问范围,超过此范围的访问视为非法访问,任何非法访问都要拒绝。

3. 加密

加密是将数据按某种算法变换成难以识别的形态,目的是在网络通信过程中对数据进行保护、防止数据泄露。新闻发布系统使用 MD5 加密方法对用户账户密码进行了加密后再存储在数据库中。

4. 限制操作系统的存取权限

数据库系统是依存在操作系统之上的，如果操作系统被侵入，那么数据库的安全性也将荡然无存，所以对于安全性高的数据库，可以通过限制操作系统的存取权限来提高数据库的安全性。

5. 数据的备份与恢复

备份是恢复受损的数据库最容易的、能够把意外损失降低到最小的保障方法。因此，DBA 要定期备份数据库（本地备份和远程备份），以实现崩溃后的数据库恢复。

6. 日志追踪

日志追踪是指记录用户关键访问痕迹，便于日后进行意外事件的定位、重做。典型的日志信息包括事件发生时间、访问者 ID、访问者 IP、访问者 MAC 地址、访问的页面 URL、执行的操作、事件详细描述等。

7. 审计

审计就是把用户对数据库的所有操作自动记录下来放入审计日记（Audit Log）中，DBA 可以利用审计跟踪的信息，重现导致数据库出问题的一系列事件，找出非法存取数据的人、时间和内容等。

6.7 编写软件详细设计说明并复审

《计算机软件文档编制规范》（GB/T 8567—2006）要求在设计阶段完成详细设计说明的编写。

在详细设计说明部分应分条描述 CSCI 的每个软件配置项。如配置项设计决策，配置项设计中的约束、限制或非常规特征，编程语言，过程式命令列表和解释它们的用户手册或其他文档，对数据元素集合体的说明，配置项包含的逻辑等。

软件的详细设计完成之后，必须从正确性和可维护性两个方面，对它的逻辑、数据结构和界面等进行检查。

详细设计复审的重点应该放在各个模块的具体设计上。例如，模块的设计能否满足其功能与性能要求，选择的算法与数据结构是否合理，是否符合编码语言的特点，设计描述是否简单、清晰等。

复审分为正式的与非正式的两种方式。非正式的复审的特点是参加人数少，且为软件人员，带有同行讨论的性质，因而方便灵活，十分适合于详细设计复审。正式的复审除了软件人员外，还邀请用户代表和领域专家参加，通常采用答辩方式。与会者要提前审阅文档资料，设计人员对设计方案详细说明之后，回答与会者的问题并记录各种重要的评审意见。

软件开发的实践表明，正式的详细设计复审在发现某些类型的设计错误方面和测试一样有效。

6.8　拓展提高——其他详细设计工具

传统软件开发方法的详细设计主要是用结构化程序设计法。详细设计的表示工具有图形工具和语言工具。图形工具有业务流程图、程序流程图、问题分析图（problem analysis diagrama，PAD）、N-S 流程图（由 Nassi 和 Shneidermen 开发，简称 NS）。语言工具有伪码和 PDL（process design language，过程设计语言）等。下面简要介绍除程序流程图以外的其他详细设计图工具。

1. 盒图

盒图又称 N-S 图、方框图，由 Nassi 和 Shneidermen 于 1973 年共同提出，是一种只允许程序员用结构化设计方法来思考问题、解决问题的图形工具。

（1）盒图使用的符号。盒图使用的符号如图 6-18 所示。

图 6-18　盒图使用的符号

（2）盒图举例。计算 N 的阶乘 $N!$。用户输入 N 的值，计算机计算 $N!$，当 $N!$ 的值不超过 32767 时，输出结果，否则输出 N 太大。计算 $N!$ 的盒图如图 6-19 所示。

2. PAD 图

日本日立公司推出了 PAD 图。它是从程序流程图演变而来的，用二维树形结构的

图 6-19　计算 N! 的盒图

图来表示程序的控制流。它比程序流程图更直观,结构更清晰,其最大的优点是能够反映和描述自顶向下的历史与过程。PAD 提供了五种基本控制结构的图示,并允许递归使用。

PAD 图的特点:使用 PAD 符号设计出的程序代码是结构化程序代码;PAD 图所描绘的程序结构十分清晰;用 PAD 图表现程序的逻辑易读、易懂和易记;容易将 PAD 图转换成高级语言源程序自动完成;既可以表示逻辑,也可以用来描绘数据结构;支持自顶向下方法的使用。

PAD 图的基本符号如图 6-20 所示。

(a) 顺序结构　(b) 选择结构　(c) CASE 型多分支选择结构

(d) 当型循环结构　(e) 直到型循环结构　(f) 语句标号　(g) 定义

图 6-20　PAD 图的基本符号

3. 判定表

当算法中包含多重嵌套的条件选择时,用程序流程图、盒图、PAD 图都不易清楚地描述,此时,可用判定表清晰地表达复杂的条件组合与应做的动作之间的对应关系。

(1) 判定表的结构。判定表一般由四部分组成,左上部列出所有的条件,左下部列出所有的处理,右上部是表示各种条件取值的组合,右下部是和每种条件组合相对应的动作。判定表右半部的每一列实质上是一条规则,规定了与特定的条件取值组合相对应的动作。

(2) 判定表举例。下面以某仓库发货方案为例来说明判定表的画法。客户欠款时间不大于 30 天,如果需求量不大于库存量则立即发货;否则先按库存量发货,进货后再补发。客户欠款时间不大于 100 天,如果需求量不大于库存量则先付款再发货;否则不发货。客户欠款时间大于 100 天,要求先付欠款。其判定表见表 6-12。

表 6-12　判定表

	决策规则号	1	2	3	4	5	6
条件	欠款时间≤30 天	Y	Y	N	N	N	N
	欠款时间＞100 天	N	N	Y	Y	N	N
	需求量＜库存量	Y	N	Y	N	Y	N
应采取的行动	立即发货	×					
	先按库存量发货,进货后再补发		×				
	先付款再发货					×	
	不发货						×
	要求先付欠款			×	×		

当需要描述的加工由一组操作组成,是否执行某些操作又取决于一组条件时,用判定表表达加工逻辑比较合适。判定表的优点是能够简洁且无二义性地描述所有的处理规则。但判定表表示的是静态逻辑,是在某种条件组合情况下可能的结果。它不表达加工的顺序,也不能表达循环结构,因此判定表不适合作为一种通用的设计工具。

4. 判定树

判定树是判定表的变种,也能清晰地表示复杂的条件组合与应做的动作之间的对应关系。判定树的优点在于,它的形式简单到不需要任何说明,一眼就可以看出其含义,因此易于掌握和使用。判定树是一种比较常用的系统分析和设计的工具。

上述仓库发货方案对应的判定树如图 6-21 所示。

图 6-21　判定树

从图 6-21 可以看出，虽然判定树比判定表更直观，但简洁性不如判定表，数据元素的同一个值往往要重复写多遍，而且越接近树的叶端重复次数越多。此外还可以看出，画判定树时分支的次序可能对最终画出的判定树的简洁程度有较大影响。

5. 过程设计语言

过程设计语言（PDL）也称伪码或结构化语言，是一种用于描述模块算法设计和处理细节的语言。用它来描述详细设计，工作量比画图小，又比较容易转换为真正的代码。

PDL 的优点：可以作为注释直接插在源程序中；可以使用普通的文本编辑工具或文字处理工具产生和管理；已经有自动处理程序存在，而且可以自动由 PDL 生成程序代码。

PDL 的不足：不如图形工具形象直观，描述复杂的条件组合与动作间对应关系时，不如判定树清晰简单。

上述仓库发货方案用过程设计语言 IF-THEN-ELSE 选择结构表示如下。

```
IF 欠款时间≤30 天  THEN
    IF 需求量≤库存量
        THEN 立即发货
    ELSE
        先按库存量发货，进货后再补发
ELSE
    IF 欠款时间≤100 天 THEN
        IF 需求量≤库存量
            THEN 先付款再发货
        ELSE
            不发货
    ELSE
        要求先付欠款
```

6.9 习　　题

1. 填空题

(1) 程序流程图有_____、_____和_____三种基本结构。
(2) 数据代码设计原则有_____、_____、_____、_____、_____和_____。
(3) 数据代码有_____、_____、_____、_____和_____五种类型。
(4) 软件中常用的数据编码有_____、_____、_____和_____四种。
(5) 输入设计的原则有_____、_____、_____和_____。

2. 简答题

一个友好的人机界面应该至少具备哪些特征？

3. 操作题

(1) 画出目标系统的程序流程图。

(2) 设计目标系统所需的数据代码。

(3) 设计目标系统的用户界面。

(4) 编写软件详细设计说明,以项目组为单位提交。参考《计算机软件文档编制规范》(GB/T 8567—2006)中的编写提示。

(5) 编制软件测试计划初稿。

(6) 旅游订票系统中,在旅游旺季 7—10 月、12 月,如果订票超过 50 张,则票价优惠 15%;50 张以下,优惠 5%。在旅游淡季 1—6 月、11 月,如果订票超过 50 张,则票价优惠 30%;50 张以下,优惠 20%。分别试用判定表和判定树来表示该订票系统的算法。

(7) 寻找一个界面设计优秀或一个界面设计存在问题的软件或网页并保存下来,在课堂上进行展示。并简单讲解其优秀之处或有问题的地方。

任务 7　新闻发布系统编码的实现

- 能力目标
  - 能够绘制简单的组件图和配置图。
  - 能够根据实际项目需要正确地选择程序设计语言和编程工具。
  - 掌握编写高质量代码的基本能力。
  - 能够提高软件的重用率。
- 知识目标
  - 掌握组件图和配置图的建模技术。
  - 熟悉常用程序设计语言的特点。
  - 掌握一般的编码原则和编码规范。
  - 掌握软件重用概念和基于构件的软件开发过程。
  - 掌握面向对象软件的重用技术。

任务导入

当完成了详细设计，产生和复查了相应的文档以后，就可以对软件进行编码，编码的任务就是按照详细设计说明的要求写出满足要求的代码。

作为软件工程的一个步骤，编码是设计的必然结果，因此，程序的质量主要取决于软件设计的质量。但是，程序设计语言的特性和编码规范也会对程序的可靠性、可读性、可测试性和可维护性产生深远的影响。本任务主要是学习并实践组件图、配置图建模，选择程序设计语言和熟悉程序编码规范，进而完成项目编码任务。

任务清单

(1) 代码结构建模——绘制新闻发布系统组件图。
(2) 系统物理结构建模——绘制新闻发布系统配置图。
(3) 选择程序设计语言。
(4) 熟悉编码规范，编写符合要求的代码。

7.1 代码结构建模——绘制新闻发布系统组件图

在对面向对象系统的物理方面建模时需要使用组件图和配置图。组件图描述软件组件以及组件之间的关系,组件本身是代码的物理模块,组件图显示了代码的结构。组件图中可以包括包和子系统,它们可以将系统中的模型元素组织成更大的组块。

7.1.1 组件图的用途

(1) 组件图能帮助客户理解最终的系统结构。
(2) 组件图使开发工作有一个明确的目标。
(3) 组件图有利于帮助工作组的其他人员理解系统,例如,编写文档和帮助的人员不直接参与系统的分析与设计,然而他们对系统的理解直接影响到系统文档的质量,而组件图是帮助他们理解系统有力的工具。
(4) 使用组件图有利于软件系统的组件重用。

7.1.2 组件图建模技术

组件图由组件、接口和组件之间的联系构成。组件图用于建立系统的实现模型。在实际建模过程中,可以参照以下步骤进行。
(1) 对系统中的组件建模。
(2) 定义相应组件提供的接口。
(3) 对组件之间的关系建模。
(4) 对建模的结果进行细化。

7.1.3 新闻发布系统组件图

对静态结构设计中的包图和类图进行分析后发现,新闻发布系统由用户界面组件、业务逻辑处理组件、DAO 数据访问组件和数据库组件组成,如图 7-1 所示。

图 7-1 新闻发布系统组件图

其中，DAO 数据访问组件可以被进一步细化为如图 7-2 所示的组件图。

图 7-2　DAO 数据访问组件细节图

数据库组件可以被进一步细化为如图 7-3 所示的组件图。

图 7-3　数据库组件细节图

用户界面组件可以被进一步细化为如图 7-4 所示的组件图。

图 7-4　用户界面组件细节图

7.2　系统物理结构建模——绘制新闻发布系统配置图

配置图描述了系统中硬件和软件的物理配置情况。配置图用于对系统的实现视图进行建模。配置图由节点以及节点之间的联系构成，它表示一个运行系统的结构。在配置图中也可以有组件,以及节点与组件之间、组件与组件之间的联系。

7.2.1 配置图建模技术

(1) 对系统中的节点建模。
(2) 对节点之间的关系建模。
(3) 对驻留在节点上的组件建模。
(4) 对驻留在节点上的组件之间的关系建模。
(5) 对建模结果进行细化。

7.2.2 新闻发布系统配置图

新闻发布系统是一个基于校园网和数据库的应用系统,配置图如图 7-5 所示。

图 7-5　新闻发布系统配置图

7.3　选择程序设计语言

编码的目的是实现人和计算机之间的通信,指挥计算机按人的意志正确工作。程序设计语言是人和计算机通信的最基本的工具。影响编码质量的因素包括编程语言、编程准则和编程风格,它们对程序的可靠性、可读性、可测试性和可维护性都将产生一定的影响。因此,编码之前的一项重要工作就是选择一种适当的程序设计语言。

7.3.1 程序设计语言的分类

1. 根据程序设计语言的发展情况分类

程序设计语言的发展经历了面向机器语言和高级程序设计语言两个阶段。

（1）面向机器语言。面向机器语言包括机器语言和汇编语言。机器语言和汇编语言都依赖于计算机硬件结构，指令系统因机器的不同而异，难学难用，编程效率低，容易出错，维护困难，所以现在的软件开发一般不使用机器语言和汇编语言。但是汇编语言易于实现系统接口，执行效率高，因而在某些使用高级程序设计语言不能满足用户需要的情况下，可以使用汇编语言。使用汇编语言的情况如下。

① 对程序执行时间和存储空间都有很严格限制的项目。

② 在某些不能提供高级程序设计语言编译程序的计算机上开发程序。

③ 大型系统中对系统执行时间起关键作用的模块。

（2）高级程序设计语言。高级程序设计语言使用的概念和符号与人们通常使用的概念和符号比较接近，因此，用高级程序设计语言书写的程序的可读性、可测试性、可调试性和可维护性强。它的一个语句往往对应若干条机器指令，一般不依赖于计算机硬件结构，通用性强，软件生产率高。因此，一般在设计应用软件时，应当优先选用高级程序设计语言。

从应用特点看，高级程序设计语言可以分为基础语言、结构化语言和专用语言三类。

① 基础语言。基础语言是通用语言。它们的特点是历史悠久、应用广泛，有大量软件库，为人们所熟悉和接受。属于基础语言的有 BASIC、FORTRAN、COBOL 等。

BASIC 是一种交互式语言，用于一般的数值计算与事务处理，简单易学；FORTRAN 语言适合于科学计算，缺点是数据类型不丰富，对复杂数据结构也缺乏支持；COBOL 是商业数据库处理中应用最广泛的高级语言。

② 结构化语言。结构化语言也是通用语言。这类语言的特点是直接提供结构化的控制结构，具有很强的过程能力和数据结构能力。ALGOL 是最早的结构化语言（同时又是基础语言），由它派生出来的 PL/1、Pascal、C 以及 Ada 等语言都已应用在非常广泛的领域中。

Pascal 语言是第一个系统地体现结构化程序设计概念的现代高级语言。它的优点是模块清晰，控制结构完备，数据结构和数据类型丰富，易于教学，在科学计算、数据处理及系统软件开发方面应用广泛。

C 语言支持结构化编程，可移植性强，编译质量高，适合编写系统级的程序，如操作系统。

Ada 语言是迄今为止最完善的面向过程的现代语言，适用于嵌入式计算机。它支持并发处理和过程间通信，支持异常处理的中断处理，并且支持通常由汇编语言实现的低级处理。它既是编码语言又可作为设计表达工具。

③ 专用语言。专用语言是为某种特殊应用而设计的独特的语法形式。一般来说，这

类语言的应用范围比较狭窄。例如,APL是专为数组和向量运算设计的简洁而功能又很强的语言,然而它几乎不提供结构化的控制结构和数据类型;BLISS是为开发编译程序和操作系统而设计的语言;FORTH是为开发微处理机软件而设计的语言,它的特点是以面向堆栈的方式执行用户定义的函数,因此能提高速度和节省存储;LISP和PROLOG两种语言特别适合于人工智能领域的应用。

2. 根据程序设计语言对客观系统的描述特点分类

从描述客观系统来看,程序设计语言可以分为面向过程语言和面向对象语言。

(1) 面向过程语言。以"数据结构+算法"程序设计范式构成的程序设计语言,称为面向过程语言。前面介绍的程序设计语言大多为面向过程语言。

(2) 面向对象语言。以"对象+消息"程序设计范式构成的程序设计语言,称为面向对象语言。比较流行的面向对象语言有 Delphi、Visual Basic、Java、C++、C♯、Python 等。

Delphi 是 Borland 公司研发的可视化快速应用程序开发工具,可在 Windows 环境下使用。Delphi 是一个集成开发环境(IDE),采用面向对象的编程语言 Object Pascal 和基于部件的开发结构框架。Delphi 提供了 500 多个可供使用的构件,利用这些构件,开发人员可以快速地构造出应用系统。

Visual Basic 语言简称 VB,是由微软公司开发的结构化的、模块化的、面向对象的、包含协助开发环境的事件驱动为机制的可视化程序设计语言。它具有很好的图形用户界面,是世界上使用人数最多的语言。

Java 语言是 Sun 公司推出的一种面向对象、跨平台、安全可靠、健壮、多线程、可移植的网络编程语言。

C++ 语言是 C 语言的改进版本,在保留了 C 语言所有特性的同时添加了面向对象思想。这个特性导致了它在很多大型开发上有得天独厚的优势。

C♯ 是微软公司在 2000 年 7 月发布的一种简单、安全、面向对象的程序设计语言,是专门为.NET 的应用而开发的语言。它吸收了 C++、Visual Basic、Delphi、Java 等语言的优点,体现了当今最新的程序设计技术的功能和精华。C♯ 简单易学,易于使用,功能强大,是一款值得学习的新型语言。

Python 是一种面向对象的解释性的程序设计语言,也是一种功能强大而完善的通用型语言。它具有简单、易学、易读、易维护、运行速度快,以及可移植性、可扩展性、可扩充性、可嵌入性好的特点,被广泛应用于 Web 开发、科学计算和数据分析、人工智能和机器学习、自动化和脚本编程等多个领域。随着 Python 版本的不断更新和语言新功能的添加,逐渐被用于独立的、大型项目的开发。

7.3.2 选择程序设计语言的标准

1. 项目所属的应用领域

从应用领域角度考虑,各种语言都有自己的使用领域。在选择语言时,可以根据不同系统的要求及语言自身特点来选择理想的开发语言。

2. 编码和维护成本

选择合适的程序设计语言可大大降低程序的编码量及日常维护工作中的困难程度，从而使编码和维护成本降低。

3. 软件开发环境

Visual Basic、Visual C++、Visual FoxPro、Delphi等都是可视化的软件开发工具，提供了强有力的调试功能，提高了软件生产率，减少了错误，有效地提高了软件质量。

4. 软件的兼容性

虽然高级程序设计语言的适应性很强，但不同机器上所配备的语言可能不同。此外，在一个软件开发系统中可能会出现各子系统之间或主系统与子系统之间所采用的机器类型不同的情况。

5. 软件的可移植性

如果软件系统的生命周期比较长，应选择一种标准化程度高、程序可移植性好的程序设计语言，使所开发的软件将来能够移植到不同的硬件环境下运行。

6. 用户的要求

如果所开发的系统由用户自己负责维护，用户通常要求选择他们熟悉的语言来编写程序。

7. 程序员的知识

虽然对于有经验的程序员来说，学习一种新语言并不困难，但是要完全掌握一种新语言需要实践。若有多种语言都适合于某项目的开发时，那么应该选择开发人员比较熟悉的语言。

面向对象设计的结果既可选择面向对象程序设计语言来实现，也可选择非面向对象程序设计语言来实现。选择编程语言需要考虑的关键因素有与OOA和OOD有一致的表示方法，具有可重用性，可维护性强。面向对象设计的结果一般应尽量选择面向对象程序设计语言来实现。

据最新世界编程语言排行榜统计显示，使用最多的编程语言是Python、C、C++、Java、C#、JavaScript、PHP、VB等。

校园新闻发布系统应能运行于机房常见的操作系统之上，校园新闻发布系统还应具有较高的效率。考虑到这两个方面的特性和JavaScript的特点，故选用JavaScript作为开发语言。

7.4 熟悉编码规范，编写符合要求的代码

虽然好的程序设计语言有助于写出可靠又容易维护的程序，但是工具再好，使用不当也不会达到预期的效果。按照软件工程方法论，程序的质量基本上取决于设计的质量，编程风格也在很大程度上影响着程序的质量。

在一种软件的生命周期中，80%的时间、精力、费用花费在维护上。几乎没有任何一种软件在其整个生命周期中均由最初的开发人员来维护。在软件生命周期中需要经常阅读程序，特别是在软件测试和维护阶段，程序员、测试人员和维护人员都要阅读程序，阅读程序成为软件开发和维护过程中的一个重要组成部分，而且读程序的时间比写程序的时间还要多。尤其当多个程序员合作开发一个大型项目时，更需要遵循良好而一致的编码规范，以减少因不协调而引起的问题。

1. 源程序文档化

虽然编码的目的是产生程序，但是为了提高程序的可维护性，源代码也需要实现文档化，这些称为内部文档编制。源程序文档化包括标识符的命名、注释的安排以及程序布局等。

(1) 标识符的命名。标识符的名字不要太长，应该含义鲜明，即"见名知意"。如果使用缩写，那么缩写规则应该一致。例如，用 sum 表示和，用 total 表示总数等。

(2) 注释的安排。注释是程序员和程序阅读者之间通信的重要手段。为提高程序的可读性，在源程序中应有足够详细的注释，人工编写的源程序中注释的行数一般不得少于源程序行数的 20%。注释要简单明了。注释分为序言性注释和功能性注释。

序言性注释通常在每个模块头部，简要描述文件名、模块功能目的、主要算法、接口说明(包括调用形式、参数描述、子程序清单)、重要数据、主要函数或过程说明及开发简历(包括版本号、作者、开发时间、历史修改记录)等。对理解程序有引导帮助作用。

功能性注释嵌在源程序体中，用以描述语句或程序段的功能。注意用缩进和空行，使程序与注释容易区别。

(3) 程序布局。程序设计是一门艺术，一个好的程序布局会使阅读代码的人感到美观和清晰，更容易阅读、理解和修改。程序布局的优劣不会影响程序的执行逻辑和执行速度。

适当地利用空格、换行和分层次缩进能使程序的逻辑结构变得清晰。

2. 数据说明

编写程序时，为了使数据容易理解和维护，需要注意数据说明的风格。

(1) 数据说明的次序应该规范化。可按照常量说明、简单变量类型说明、数组说明、公用数据块说明、所有的文件说明的顺序说明。

(2) 在类型说明中，可按照整型、实型、字符型、逻辑型的说明顺序排列。

(3) 说明语句中变量安排有序化。当在一个语句中说明多个变量时,应该按字母顺序排列这些变量。

(4) 使用注释说明复杂数据结构。对于复杂的数据结构,应该注解说明使用这个数据结构的方法和特点。

3. 语句构造

语句构造应遵循简单的原则,不要为了提高效率而使程序变得复杂、难以理解。主要应注意以下几点。

(1) 不要为了节省空间而把多个语句写在同一行。
(2) 使用空格使语句清晰。
(3) 尽量避免复杂的条件测试。
(4) 尽量减少对"非"条件的测试。
(5) 尽量避免条件嵌套和循环嵌套。
(6) 多用括号使表达式的运算次序清晰。

4. 输入/输出

输入/输出的方式和格式应尽量做到对用户友好,尽可能方便用户的使用。注意下列问题。

(1) 对所有的输入数据都进行校验,从而识别错误的输入,以保证每个数据的有效性。
(2) 检查输入项各种重要组合的合理性。
(3) 输入的步骤和操作尽可能简单,并保持简单的输入格式。
(4) 输入一批数据时,使用数据结束标记,不要要求用户指定数据的数目。
(5) 明确提示交互式输入的请求,详细说明可用的选择或边界数值。
(6) 当程序设计语言对输入格式有严格要求时,应保持输入格式与输入语句要求的一致性。
(7) 给所有的输出加注释,设计良好的输出报表。
(8) 应允许用默认值。

5. 程序效率

程序效率主要是指处理机时间和存储器容量两个方面。应该明确效率是性能要求,因此应该在需求分析阶段确定效率方面的要求。程序效率以需求为准,而不应以人力所及为准。效率是依靠好的设计来提高的。程序的效率和程序的简单性相关,不要牺牲程序的清晰性和可读性来提高效率。

6. 程序设计质量的评价

程序设计质量的评价需要考虑多方面的因素。
(1) 正确性。正确性是指程序要实现设计要求的功能。

(2) 稳定性、安全性。稳定性、安全性是指程序稳定、可靠、安全。
(3) 可测试性。可测试性是指程序要具有良好的可测试性。
(4) 易使用性。易使用性是指操作简便、易学。
(5) 易维护性。易维护性是指程序易读、易理解、易修改和易扩充。
(6) 简单性。简单性是指程序结构简单。
(7) 易移植性。易移植性是指程序从某一环境移植到另一环境的能力。

7.5 面向对象程序设计

7.5.1 面向对象程序设计概念

面向对象程序设计(OOP)是一种程序设计范型,同时也是一种程序开发的方法。OOP 将对象作为程序的基本单元,将程序和数据封装其中,以达到软件工程的三个主要目标:重用性、灵活性和扩展性。

目前已经被证实的是,面向对象程序设计推广了程序的灵活性和可维护性,并且在大型项目设计中广为应用。此外,支持者声称面向对象程序设计要比以往的做法更加便于学习,因为它能够让人们更简单地设计并维护程序,使得程序更加便于分析、设计、理解。

支持部分或绝大部分面向对象特性的语言即可称为基于对象的或面向对象的语言。早期,完全面向对象的语言主要包括 Smalltalk 等语言,目前较为流行的语言有 Java、C#、Eiffel 等。随着软件工业的发展,比较早的面向过程的语言在近些年的发展中也纷纷吸收了许多面向对象的概念,比如,C→C++、C→Objective-C、BASIC→Visual Basic→Visual Basic .NET、Pascal→Object Pascal、Ada→Ada 95。

近年来,面向对象程序设计越来越流行于脚本语言中。Python 和 Ruby 是创建在 OOP 原理基础上的脚本语言,Perl 和 PHP 也分别在 Perl 5 与 PHP 4 中加入了面向对象特性。

7.5.2 面向对象程序设计准则

良好的面向对象程序设计风格包括传统的程序设计风格和面向对象特有的准则。

1. 提高软件的可重用性

提高软件的可重用性在编码阶段主要是代码的重用,可以重用本项目内部相同或相似部分的代码,也可以重用其他项目的代码。为了提高软件的可重用性,程序设计应遵循以下规则。

(1) 提高方法的内聚性。一个方法应该只完成单个功能。如果某个方法涉及两个或多个不相关的功能,则应该把它分解成几个更小的方法。

(2) 减少方法的规模性。如果某个方法的规模过大(代码长度超过一页纸可能就太大了),则应该把它分解成几个更小的方法。

(3) 保持方法的一致性。功能相似的操作应有一致的名字、参数特征、返回值类型、使用条件及出错条件等。

(4) 把提供决策的方法与完成具体任务的方法分开。

(5) 全面覆盖所有的条件组合。如果输入条件的各种组合都可能出现,则应该针对所有组合写出方法,而不能仅仅针对当前用到的组合情况写方法。此外,一个方法不应该只能处理正常值,对空值、极限值及界外值等异常情况也应该能够做出有意义的响应。

(6) 尽量不使用全局信息。

(7) 利用继承机制。

2. 提高软件的可扩展性

(1) 把类的实现封装起来。

(2) 避免使用多分支语句。

(3) 精心确定公有方法。对公有方法的修改往往会涉及许多其他类,因此,修改公有方法的代价通常都比较高。

3. 提高软件的健壮性

(1) 预防用户的操作错误。

(2) 检查参数的合法性。

(3) 不预设数据结构的限制条件。

(4) 先测试后优化。

7.6　拓展提高——软件重用

软件重用也称软件再用或软件复用,是指将已有的软件成分不做修改或稍加修改后重复使用。可重用的软件成分也称可重用构件,包括软件生产过程中任何活动所产生的制成品的重用,如项目计划、成本估计、体系结构、需求定义、设计、源程序、用户界面和测试用例等。

可重用的软件成分既可以从旧软件中提取,也可以专门为重用而开发。软件重用的目的是提高软件系统的开发质量与效率,降低开发成本。

7.6.1　软件重用的优点与级别

软件重用的优点与级别

1. 软件重用的优点

(1) 提高软件生产率,降低开发代价。生产率的提高不仅体现在代码开发阶段,在分析、设计及测试阶段同样可以利用重用来节省开销。

(2) 提高软件质量。因为可重用构件经过了高度优化,并且在实践中经受过检验,因此使用可重用构件构造系统还可以提高系统的性能和可靠性。

(3) 减少维护代价。由于使用经过检验的构件,减少了可能的错误,同时软件中需要维护的部分也减少了。大量使用可重用构件来开发软件,提高软件的可维护性。

(4) 互操作性好。软件重用提高了系统间的互操作性。通过使用接口的同一个实现,系统将更为有效地实现与其他系统之间的互操作。

(5) 支持原型开发。利用可重用构件库可以快速有效地构造出应用程序的原型,以获得用户对系统功能的反馈。

2. 软件重用的级别

按抽象程度由低到高排列如下。

(1) 代码的重用。

(2) 设计结果的重用。设计结果的重用是指重用某个软件的设计模型(求解域模型)。这个级别的重用有助于把一个应用系统移植到完全不同的软/硬件平台上。

(3) 分析结果的重用。这是一种更高级别的重用,即重用某个系统的分析模型。这种重用特别适用于用户需求未改变,但系统体系结构发生了根本变化的场合。可能被重用的软件成分主要有项目计划、成本估计、体系结构、需求模型和规格说明、设计、源代码、用户文档和技术文档、用户界面数据和测试用例。

(4) 测试信息的重用。重用级别越高,可得到的回报也越大,因此分析软件和设计软件的重用备受重视。

7.6.2 软件构件的标准规范、组织和检索

1. 软件构件的标准规范

为了开发可重用构件,应该考虑下述的一系列关键问题。

- 标准数据结构。所有构件都使用标准数据结构。
- 标准接口协议。
- 程序模板。

可重用构件应具有模块独立性强,具体高度可塑性,接口清晰、简明、可靠的特点。

随着构件技术的发展,出现了多种构件模型或构件的实现标准。目前主流构件标准规范有 OMG 公司的 CORBA、Microsoft 公司的 COM/DCOM/COM+和 Sun 公司的 JavaBean/EJB。

(1) OMG 公司的 CORBA。CORBA(common object request broker architecture,公共对象请求代理架构)是 OMG(object management group,对象管理组织)公司制定的一个用于开发和配置分布式应用的服务器端构件模型规范,主要包括以下三项内容。

① 抽象构件模型。用于描述服务器端构件结构及构件间互操作的结构。

② 构件容器结构。用于提供通用的构件运行和管理环境,并支持对安全、事务、持久

状态等系统服务的集成。

③ 构件的配置和打包规范。CCM(CORBA component model)使用打包技术来管理构件的二进制、多语言版本的可执行代码和配置信息，并制定了构件包的具体内容和基于 XML 的文档内容标准。

CORBA 的特点是大而全，互操作性和开放性非常好。但它庞大而复杂，并且技术和标准的更新相对较慢。

（2）Microsoft 公司的 COM/DCOM/COM+。COM(component object model)是 Microsoft 公司提出的构件组装框架的标准以及实现。它允许开发者利用 COM 通信机制来组装不同开发商提供的可重用构件以建造软件系统。COM 定义了一个应用程序编程接口（API），该接口允许创建构件以及构件之间的互操作。但是，为了进行互操作，所有构件必须遵守 Microsoft 公司给出的一个二进制结构标准。如果构件遵守这一标准，那么用不同语言开发的构件就能够进行互操作。

COM 具有以下特点：构件间的互操作基于指针，依赖于操作系统的 API；对 Windows 的依赖性强，对其他操作系统的支持相对不足；构件运行环境的提供者仅限于 Microsoft 公司，但支持 COM 标准的开发工具比较多（如 VC++、VB 等）。

DCOM 是 COM 的扩充，它允许基于网络的构件互操作。DCOM 允许进程在网络上进行分布。在 DCOM 的帮助下，不同平台上的构件可以互操作。

COM+并不是 COM 的新版本，我们可以把它理解为 COM 的新发展，或者为 COM 更高层次上的应用。COM+的底层结构仍然以 COM 为基础，它几乎包含了 COM 的所有内容。COM+不再局限于 COM 的组件技术，它更加注重于分布式网络应用的设计和实现，已经成为 Microsoft 操作系统平台策略和软件发展策略的一部分。COM+继承了 COM 几乎全部的优势，同时又避免了 COM 实现方面的一些不足。COM+紧紧地与操作系统结合起来，通过系统服务为应用程序提供全面的服务。

对象连接与嵌入（OLE）是 COM 的一部分，其定义了可重用构件的标准结构。

（3）Sun 公司的 JavaBean/EJB。JavaBean 是一种在 Java（包括 JSP）中使用可重用的 Java 构件的技术规范。JavaBean 具有以下特点：构件模型比较完备；仅支持 Java 语言；构件运行环境主要由 Sun 公司提供，其他厂商也可提供运行环境工具（如 Visual Cafe、Visual Age for Java 等）。

EJB 是 Sun 公司推出的基于 Java 的服务器端构件规范 J2EE 的一部分。EJB 技术是在 JavaBean 本地构件基础上发展起来的面向服务器端的分布应用构件技术。EJB 给出了系统的服务器端分布构件规范，包括了构件、构件容器的接口规范以及构件打包、构件配置等的标准规范内容。

2. 软件构件的组织

对收集和开发的软件构件进行分类，并放入可重用构件库的适当位置。可重用构件库组织应当便于存储和检索，要求如下。

（1）支持构件库的各种维护操作。增加、删除、更新构件库的操作应当不影响构件库的结构。

(2) 不仅能支持精确匹配,还应支持相似构件的查询。

(3) 不但能进行简单的语法匹配,而且能查找在功能、行为上等价或相似的构件。

(4) 对应用领域(族)有较强的描述能力和较好的描述精确度。

(5) 便于构件库管理员和用户的使用。

(6) 具备自动化的潜力。

可重用构件库的组织方法有枚举分类法、关键词分类法、多面分类法、超文本组织法、模型法等。

3. 软件构件的描述和检索

(1) 描述可重用构件。可以用很多种方式描述可重用构件,但是一种理想的描述方式是3C模型——概念(concept)、内容(content)和语境(context)。

软件构件的"概念"是对构件做什么的描述,应该完整地描述构件的接口,并在前置条件和后置条件的语境中标识构件的语义。

软件构件的"内容"用于描述实现概念的方法。

"语境"把可重用的软件构件置于其应用领域中。也就是说,通过指定概念的、操作的和实现的特征,语境使得软件工程师能够找到适当的构件以满足应用需求。

(2) 重用环境。软件构件重用必须由相应的环境来支持,环境应包含下述元素。

① 软件构件库。用于存储软件构件和检索构件所需要的分类信息。

② 软件构件库管理系统。用于管理对构件库的访问。

③ 软件构件检索系统。用户应用系统通过它可以检索构件和服务。

④ CASE工具。帮助用户把重用的构件集成到新设计或实现中。

7.6.3 基于构件的软件开发过程

当重用在应用系统开发中占据主导地位时,就把这样的开发方法称为基于构件的开发或构件软件。领域工程为基于构件的开发提供了所需要的可重用构件库,这些可重用构件中的一部分是内部开发的,另一部分是从现有的应用系统中抽取出来的,还有一部分是从第三方获取的。

1. 分析与设计

当开发一个新软件时,应该对描述需求的分析模型进行分析,以发现模型中那些指向现有的可重用的软件成分的元素。因此,应该使用能够导致"规格说明匹配"的方式从需求模型中抽取信息。

2. 构件选取

构件选取即用户根据对已有软件制品的分析,寻找、比较和选择最适合需要的构件。

3. 构件鉴定

构件鉴定是对打算用于软件开发的构件能否满足应用的需要,达到应用所需要的性能、可靠性、质量的保证进行相应的考察。

4. 构件的调整

通常在将构件重用到应用中时,构件需要进行必要的调整和修改才能适应应用的需要。

5. 构件组装

构件组装是将经过鉴定和调整以后的构件组装到应用系统中。

7.6.4 面向对象软件重用技术

利用面向对象技术,可以比较方便、有效地实现软件重用。面向对象技术中的"类"是较理想的可重用构件,称为类构件,相应地我们将面向对象的可重用构件库称为可复用类库(简称类库)。

1. 类构件的重用方式

(1) 实例重用。由于类的封装性,使用者无须了解实现细节,就可以使用适当的构造函数按照需要创建类的实例,再向创建的实例发送适当的消息,启动相应的服务。这是最基本的实例重用方式。

此外,还可以用几个简单的对象作为类的成员,创建出一个更复杂的类,这是另一种实例重用的方式。

(2) 继承重用。面向对象方法特有的继承性,提供了一种对已有的类构件进行裁剪的机制。当已有的类构件不能通过实例重用完全满足当前系统需求时,继承重用提供了一种安全地修改已有类构件的手段,以便在当前系统中重用。

(3) 多态重用。利用多态性不仅可以使对象的对外接口更加一般化(基类与派出类的许多对外接口是相同的),从而降低了消息连接的复杂程度,还提供了一种简便可靠的构件组合机制,系统运行时,根据接收消息的对象类型,由多态机制启动正确的方法,去响应一个一般化的消息,从而简化了消息界面和构件的连接过程。

2. 类库

(1) 类库的构造。可重用基类的建立取决于领域分析阶段对当前应用(族)中有一般适用性的对象和类的标识,类库的组织方式采用类的继承层次结构,这种结构与现实问题空间的实体继承关系有某种自然、直接的对应。同时,类库的文档以超文本方式组织,每个类的说明文档中都可以包含指向其他说明文档的关键词节点的链接指针。

(2) 类库的检索。一般地,类库的组织方式直接决定对类库的检索方式。常用的类库检索方式是对类库中类的继承层次结构进行树形浏览,以及进行基于类库文档的超文本检索。

需要强调的是,对类库检索时并不要求待实现的类与类库中的基类完全相同或极其相似,只希望待实现的类与基类之间存在某种自然的继承关系,或基类能够提供属性、操作供待实现的子类选用。

(3) 类的合成。如果从类库中检索出来的基类能够完全满足新软件项目的需求,则可以直接重用,否则必须以类库中的基类为父类,采用构造法或子类法派生出子类。

构造法为了在子类中使用类库中基类的属性和操作,可以考虑在子类中引进基类的实例作为子类的实例变量,然后在子类中通过实例变量来重用基类的属性或操作。构造法利用了面向对象方法的封装特性。

子类法与构造法完全不同,子类法把新子类直接说明为类库中基类的子类,通过继承、修改基类的属性和操作来完成新子类的定义。子类法利用了面向对象方法的封装特性和继承特性。

7.7 习 题

1. 简答题

(1) 简述组件图和配置图建模技术。
(2) 选择程序设计语言的标准有哪些?
(3) 从哪些方面评价程序设计的质量?
(4) 解释面向对象程序设计的概念。
(5) 面向对象程序设计的准则有哪些?

2. 操作题

(1) 完成目标系统的组件图和配置图建模。
(2) 选择合适编程语言,按照编码规范要求,完成目标系统软件的编码工作。

任务 8　新闻发布系统软件的测试

- 能力目标
  - 能够设计简单的测试用例。
  - 能够根据项目测试计划完成测试工作。
  - 能够编写软件测试分析报告。
- 知识目标
  - 掌握软件测试、调试的概念。
  - 掌握白盒测试和黑盒测试的基本概念与使用环境。
  - 掌握软件测试的基本原则、方法和步骤。
  - 掌握软件调试的方法和策略。
  - 熟悉面向对象测试的基本流程。
  - 了解常见的软件测试工具。

任 务 导 入

编码阶段结束后,开始进入测试阶段。无论采用何种开发模型开发出来的大型软件系统,虽然在软件开发的每一阶段都进行了技术审查和管理复审,也不可能把设计中所有潜在的错误都检查出来并进行纠正。软件设计环节的错误如果不进行纠正,在使用阶段可能造成很大的损失。所以软件在交付使用之前必须进行严格的测试,通过测试找出软件在需求分析阶段、设计阶段和编码阶段隐藏的错误并加以改正。

软件测试的工作量和工作难度不亚于软件分析与设计,据统计,测试工作量占软件开发总工作量的 50% 左右。测试贯穿于软件的整个生命周期,而不是仅仅局限在程序编码阶段。

任 务 清 单

(1) 设计新闻发布系统测试用例。
(2) 编写测试分析报告。

8.1 案例——新闻发布系统测试用例设计

新闻发布系统后台由用户登录、新闻栏目管理、新闻类别和新闻发布模块组成。测试工作将主要围绕后台功能模块中的各个功能进行。为了提高测试效率,降低测试成本,测试方案采用黑盒测试。在黑盒测试方案中,采用等价划分技术,把所有可能的输入数据(有效的和无效的)划分成几种等价类,测试输入/输出要求是否符合要求,是否满足用户需求。

8.1.1 测试环境

硬件环境:Intel Pentium 4 2.0GHz 处理器、内存 2GB、100Mbps 网卡。
软件环境:Windows 2010 操作系统、JDK 5.0 Update 8、SQL Server 2008。

8.1.2 测试用例

测试用例是测试人员完成测试工作的重要依据,测试人员根据测试用例说明完成测试工作,提高测试工作效率。

1. 后台用户登录测试用例

后台用户登录测试用例见表 8-1。

表 8-1 后台用户登录测试用例

功能描述	登录系统		
测试目的	测试登录系统功能是否正常		
前提条件	启动新闻发布系统,数据库用户表中存在用户名为 admin、密码为 123456 的记录		
输入/动作	期望的输出/响应	实际情况
输入正确的用户名、密码,单击"登录"按钮	用户成功登录,跳转到后台管理主界面	与期望的输出相同
不输入用户名,密码任意,单击"登录"按钮	提示用户"用户名不能为空!"	
输入正确的用户名,不输入密码,单击"登录"按钮	提示用户"密码不能为空!"	
输入错误的用户名或密码,单击"登录"按钮	提示用户"用户名或密码错误"	

2. 添加新闻栏目测试用例

添加新闻栏目测试用例见表 8-2。

表 8-2　添加新闻栏目测试用例

功能描述	添加栏目		
测试目的	测试添加栏目功能是否正常		
前提条件	启动新闻发布系统,登录成功,单击栏目管理的"添加栏目"功能		
输入/动作	期望的输出/响应	实际情况	
栏目名称:国内新闻;描述:国内发生的新闻。单击"保存"按钮	添加成功	与期望的输出相同	
栏目名称(或描述)为空或者输入非法字符(如"")。单击"保存"按钮	提示"栏目名称(或描述)不能为空!"或者"不能含有特殊字符!",添加失败		
栏目名称:国内新闻;描述:国内发生的新闻。单击"保存"按钮	提示"栏目已存在,添加失败!"		
当添加 8 个新闻栏目后,继续添加	提示"栏目已满 8 个,不能再添加!",添加失败		

3. 管理新闻栏目测试用例

管理新闻栏目测试用例见表 8-3。

表 8-3　管理新闻栏目测试用例

功能描述	修改、删除栏目	
测试目的	测试栏目管理的修改、删除功能是否正常	
前提条件	启动新闻发布系统,登录成功,进入栏目管理页面	
输入/动作	期望的输出/响应	实际情况
将栏目名称"体育新闻"改成"学院新闻";描述:学院内的新闻,顺序 2。单击"修改"图标	刷新当前页面,显示栏目名称为"学院新闻",描述为"学院内的新闻",顺序为 2	与期望的输出相同
栏目名称(或描述)为空或者输入非法字符(如"")。单击"修改"图标	提示"栏目名称(或描述)不能为空或者不能含有特殊字符",修改失败	
栏目顺序为空或者输入非数字字符。单击"修改"图标	提示"栏目顺序不能为空且必须是数字",修改失败	
单击"删除"图标	提示"是否删除新闻栏目",如果选择"是",当栏目是"空栏目"将删除对应栏目信息;当栏目不是"空栏目"将提示"请先删除该栏目下的类别"。如果选择"否",则取消该操作,返回栏目管理页面	

4. 添加新闻类别测试用例

添加新闻类别测试用例见表 8-4。

表 8-4　添加新闻类别测试用例

功能描述	添加新闻类别		
测试目的	测试添加新闻类别功能是否正常		
前提条件	启动新闻发布系统,登录成功,单击"类别管理"的"添加类别"功能,进入添加类别页面		
输入/动作	期望的输出/响应	实际情况
类别名称:感动中国;选择栏目名称:年度人物;描述:感动中国人物。单击"保存"按钮	添加成功	与期望的输出相同
分类名称(或描述)为空或者输入非法字符(如"")。单击"保存"按钮	提示"分类名称(或描述)不能为空!"或者"不能含有特殊字符!",添加失败	
分类顺序为空或者输入非数字字符。单击"保存"按钮	提示"分类顺序不能为空且必须是数字",添加失败	

5. 类别管理测试用例

类别管理测试用例见表 8-5。

表 8-5　类别管理测试用例

功能描述	类别管理		
测试目的	测试类别管理功能是否正常		
前提条件	管理员登录成功,进入类别管理页面		
输入/动作	期望的输出/响应	实际情况
分类名称改成"篮球比赛";描述为"世界篮球锦标赛";顺序为 3。单击"修改"图标	刷新当前页面,分类名称:篮球比赛;描述:世界篮球锦标赛;顺序:3	与期望的输出相同
分类名称(或描述)为空或者输入非法字符(如"")。单击"修改"图标	提示"分类名称(或描述)不能为空!"或者"不能含有特殊字符",修改失败	
分类顺序为空或者输入非数字字符。单击"保存"按钮	提示"分类顺序不能为空且必须是数字",修改失败	
单击"删除"按钮	提示"是否删除新闻分类",选择"是",删除对应分类信息;选择"否",则取消该操作,返回类别管理页面	

6. 新闻发布测试用例

新闻发布测试用例见表 8-6。

表 8-6　新闻发布测试用例

功能描述	新闻发布
测试目的	测试发布新闻功能是否正常
前提条件	启动新闻发布系统,登录成功,进入新闻管理页面,单击"新闻发布"按钮

续表

输入/动作	期望的输出/响应	实际情况
输入新闻标题"迎新杯篮球赛",选择栏目为"体育比赛",并选择类别名称为"篮球比赛",输入关键字为"迎新杯",输入信息内容为"信息工程学院第一名"。单击"保存"按钮	添加成功,提示用户"新闻发布成功,请继续添加"	与期望的输出相同
新闻标题为空或者含有非法字符(如"1")。单击"保存"按钮	提示"新闻标题不能为空!"或者"含有非法字符",保存失败	
不选择信息属性栏目。单击"保存"按钮	提示"请选择信息属性栏目",保存失败	
关键字输入为空或者含有非法字符。单击"保存"按钮	提示"关键字不能为空",保存失败	
不输入信息内容。单击"保存"按钮	提示"请输入信息内容",保存失败	

7. 新闻管理测试用例

新闻管理测试用例见表 8-7。

表 8-7 新闻管理测试用例

功能描述	新闻的修改、删除		
测试目的	测试新闻的修改、删除功能是否正常		
前提条件	启动新闻发布系统,登录成功,进入新闻管理页面,单击"编辑"按钮		
输入/动作	期望的输出/响应	实际情况	
修改新闻标题。单击"保存"按钮	提示修改成功	与期望的输出相同	
修改信息内容。单击"保存"按钮			
修改信息属性类别。单击"保存"按钮			
修改关键字。单击"保存"按钮			
单击"删除"按钮	提示"是否确定删除新闻",选择"是",删除成功;选择"否",返回新闻列表		

8.2 软件测试基础知识

8.2.1 测试的概念、目标和对象

1. 软件测试

软件测试是对软件计划、软件设计和软件编码进行查错与纠错的活动,这个过程包括了代码执行活动和人工活动。测试的目的是找出软件开发整个生命周期中各个阶段的错

误,分析错误的性质和位置并加以纠正。纠正的过程包括对文档和代码的修改。找错的活动称为测试,而纠错的过程称为调试。软件测试过程覆盖软件开发的整个阶段。

2. 程序测试

程序测试是对编码阶段出现的语法错误、语义错误、运行错误进行查找的编码执行过程。通过查找编码错误和纠正编码错误来保证算法的正确实现。程序测试则仅限于编码阶段。

3. 软件测试的目标

(1) 测试是为了发现程序中的错误而执行程序的过程。
(2) 好的测试方案是极有可能发现迄今尚未发现的尽可能多的错误测试。
(3) 成功的测试是发现了迄今尚未发现的错误测试。

软件测试的基本目的就是要在软件产品投入生产性运用之前,尽可能多地发现软件产品中存在的各种错误,消除故障并保证软件的可靠性。即使通过了最严格的测试,仍然可能还有一些错误隐藏在程序中而未被发现。因此,软件测试只能找到程序中存在的错误,而不能证明程序中没有错误。

4. 软件测试的对象

软件测试并不等于程序测试。软件测试应贯穿于软件定义与开发的整个期间。需求分析、概要设计、详细设计以及程序编码等各阶段所得到的文档,包括软件需求规格说明、软件概要设计规格说明、软件详细设计规格说明以及源程序,都应成为软件测试的对象。

8.2.2 软件测试的基本原则

为了能够设计出有效的测试方案,软件工程师必须充分理解并正确运用指导软件测试工作的基本原则。

(1) 测试应以软件需求规格说明中的需求为标准。
(2) 应该在测试工作真正开始前的较长时间就制订测试计划。一旦完成了需求分析就可以着手制订测试计划,在确定了设计模型之后就可以立即开始设计详细的测试方案。因此,在编码之前就可以对所有测试工作进行计划和设计。
(3) 进行穷举测试是不可能的。
(4) 应该由独立的第三方来从事测试工作。
(5) Pareto 原则。测试所发现的错误中的 80% 很可能是由程序中 20% 的模块造成的。应该对发现错误集中的模块进行重点测试。
(6) 测试应由小到大、由部分到整体逐步进行。
(7) 测试具有可重复性。所使用的测试用例应该保存下来,供以后测试和维护使用。

8.2.3 软件测试方法

1. 静态测试

不通过运行程序,而是直接阅读、检测代码和文档来开展测试工作。静态测试包括代码审查和静态分析。

(1) 代码审查。代码审查是由有经验的程序设计人员根据软件详细设计说明,通过阅读程序发现软件的错误和缺陷。主要检查代码和设计的一致性、可读性、代码逻辑表达的正确性和完整性、代码结构的合理性等。这种方法不需要专门的测试工具和设备,一旦发现错误就能定位错误。但是此方法具有一定的局限性。

(2) 静态分析。静态分析主要对程序进行控制流分析、数据流分析、接口分析和表达式分析等。静态分析一般由计算机辅助完成,由于使用的程序设计语言不同,相应的静态分析工具也就不同。目前,具备静态分析功能的软件测试工具有很多,如针对汇编语言和C语言开发了一些静态分析工具。

2. 动态测试

通过运行程序开展测试工作。动态测试包括白盒测试和黑盒测试。

(1) 白盒测试。白盒测试(white box testing)又称结构测试,是把测试对象看作一个透明的盒子,测试人员根据程序内部的逻辑结构和执行路径设计测试用例进行测试的过程。

白盒测试主要用于对模块的测试,包括以下内容。

① 程序模块中的所有独立路径至少执行一次。
② 对所有逻辑判断的取值("真"与"假")都至少测试一次。
③ 在上下边界及可操作范围内运行所有循环。
④ 测试内部数据结构的有效性等。

(2) 黑盒测试。黑盒测试(black box testing)又称功能测试,把程序看作一个黑盒子,完全不考虑程序的内部结构和处理过程。它只检查程序功能是否能按照软件需求规格说明的规定正常使用,程序是否能适当地接收输入数据并产生正确的输出信息,程序运行过程中能否保持外部信息的完整性。

黑盒测试主要检查以下的错误。

① 程序功能不正确或遗漏了用户需要的功能。
② 界面错误。
③ 数据结构错误或外部数据库访问错误。
④ 性能达不到要求。
⑤ 初始化和终止错误。

常把黑盒测试和白盒测试联合起来进行,这也称为灰盒测试。通常,白盒测试在测试过程的早期阶段进行,黑盒测试在测试过程的后期阶段进行。

从理论上看,无论采用哪种测试,只要对每一种可能的情况都进行测试,就可以得到完全正确的程序。包含所有可能的测试称为穷尽测试。使用黑盒测试时,要做到穷尽测试,必须对所有的输入数据的各种可能值的所有排列组合都进行测试;使用白盒测试时,要做到穷尽测试,要使程序中的每条可能通路至少都执行一次。严格来说,每条通路都应该在每种可能的输入数据下执行一次。无论采用黑盒测试还是白盒测试,都要做到穷尽测试,在时间上和代价上都不可能,只能选择部分测试用例尽可能多地进行测试,找到尽可能多的错误,即进行有穷测试。

8.2.4 软件测试步骤

1. 模块测试

模块测试也称单元测试,是对每个模块进行单独测试而不需要考虑模块之间的相互关系。其目的是检查每个模块是否能独立、正确地运行。模块测试通常采用白盒测试,在程序设计时由程序编写者根据设计描述进行测试。在该测试阶段所发现的错误通常是编码和详细设计的错误。

模块测试的主要内容如下。

(1) 模块接口。模块测试输入/输出参数的个数、次序、类型是否正确,全局变量的定义在各模块中是否一致。确保通过模块接口的数据流是正确的。

(2) 局部数据结构。局部数据结构是常见的错误来源。模块测试内部数据是否完整,内容、形式、相关关系是否正确。如变量说明、初始化、赋值是否正确,数据类型是否相容,是否出现溢出或地址异常,局部变量与全局变量是否同名等。

(3) 重要的执行路径。选择最有代表性、最可能发现错误的执行路径进行测试。如重要的执行路径,计算、比较是否存在错误,控制流是否适当等。

(4) 出错处理。着重测试对错误的描述是否难以理解,显示的错误与实际错误是否相符,对错误的处理是否正确,错误条件在错误处理之前是否已引起系统异常,报错信息是否足以帮助确定错误的位置等。

(5) 边界测试。

模块测试的步骤如下。

(1) 配置测试环境。

(2) 编写辅助模块。

(3) 进行多个模块的并行测试。

模块本身不是一个独立的程序,在测试模块时,需要借助辅助模块,构成被测试模块运行的最小环境。根据辅助模块与被测试模块的关系,将辅助模块分为两类:驱动模块和桩模块(也称存根程序)。驱动模块接收测试数据,调用被测试模块,把测试数据传送给被测试模块,输出测试结果;桩模块是代替被测试模块调用的模块。被测试模块和与它相关的驱动模块和桩模块一起构成了一个测试环境,如图 8-1 所示。

图 8-1　模块测试的环境

2. 集成测试

集成测试又叫接口测试、组装测试。将经过测试的单元模块按照一定的顺序组装成系统,同时进行测试。集成测试的重点是对各个模块之间的接口,以及各个模块之间的协调和通信进行测试。

模块集成方式有非渐增式集成测试和渐增式集成测试两种。

(1) 非渐增式集成测试。非渐增式集成测试是先分别测试每个模块,再把所有的模块按照设计要求一次性地组装起来。一般采用黑盒测试设计测试用例进行测试。这种方法要求为每个模块设计驱动模块和桩模块,测试工作量大,而且发现错误时很难定位。这种方法只适合小规模的软件系统。

(2) 渐增式集成测试。渐增式集成测试是把下一个待测试的模块同已经测试好的那些模块结合起来进行测试,测试完后再把下一个待测试的模块结合起来进行测试,每次只增加一个模块。采用这种方式可以将错误分解,容易找到错误并容易测试成功,一般适合于大规模的软件系统。渐增式集成可分为自顶向下集成和自底向上集成。

① 自顶向下集成测试。从主控模块开始,将附属模块按深度优先或广度优先的方式逐个集成到整个软件结构中。其优点是不需要驱动模块,能尽早验证程序的主要功能,及早发现上次模块的接口错误;缺点是测试时底层模块用桩模块替代,不能反映真实情况,重要数据不能及时回送上层模块。

② 自底向上集成测试。从软件结构的底层的模块开始组装和测试。不需要桩模块,需要驱动程序。其优缺点与自顶向下集成测试正好相反。

③ 混合模式集成测试。自顶向下集成测试和自底向上集成测试各有优缺点,将这两种方式结合起来可能是一种好的折中方案。在程序结构的高层用自顶向下的集成测试方法,对中下层采用自底向上的集成测试方法。

3. 确认测试

软件经过集成测试后,可以进行确认测试,验证软件系统是否满足软件需求规格说明中规定的要求。确认测试必须有用户积极参与,或以用户为主进行。确认测试一般使用黑盒测试来进行。确认测试的目的是向用户表明软件系统的有效性。根据软件需求规格说明中的描述,使用户能够确认软件的功能与性能同他们期望的一样。

在确认测试中,不是对软件系统的所有功能进行测试。重点测试用户关心的软件系统可见的功能和性能。在进行测试时所选择的测试用例中的数据,应该主要来自软件系统实际运行数据,因为用户对这些数据及预期的结果比较熟悉,而且还应该设计并且执行一些与用户使用步骤相关的测试。

确认测试时应该从以下几个方面进行测试。

① 功能测试。按照软件需求规格说明的要求,测试软件系统是否具有用户所要求的功能。

② 性能测试。系统在实际运行环境中,是否具有软件需求规格说明上所要求的系统性能。

③ 安全测试。测试系统的安全性,测试系统能否使不合法用户不能进入系统。
④ 强度测试。加载所有负荷的情况下,运行软件系统,验证系统的负荷能力。
⑤ 背景测试。系统在实际负荷情况下,测试系统运行多道程序、多道作业的能力。
⑥ 恢复测试。测试系统在软件或硬件故障下,恢复原先控制数据的能力。

(1) 软件配置评审。软件配置评审是验收测试中的一个重要内容。主要是检查计算机程序(源代码和可执行程序)、所需数据、文档是否齐全以及分类是否有序,保证软件配置的所有成分都齐全,各方面的质量都符合要求。

(2) Alpha 测试和 Beta 测试。Alpha 测试是在开发者的场所进行的,是用户在开发者的指导下进行的测试。

Beta 测试是软件的最终用户在一个或多个用户场所进行的,与 Alpha 测试不同,开发者通常不在测试现场。

8.2.5 设计测试方案

设计测试方案是测试阶段的关键技术问题。测试方案包括具体的测试目的、应该输入的测试数据和预期的输出结果三方面内容。通常把应该输入的测试数据和预期的输出结果称为测试用例。

测试用例的设计是软件测试的关键所在。不同的测试数据发现程序错误的能力差别很大,因为不可能进行穷尽测试,因此为了提高测试效率并降低测试成本,应该选用高效的测试数据,即设计尽可能少的测试用例来发现尽可能多的错误。通常的做法是用黑盒测试设计基本的软件测试方案,再使用白盒测试补充一些测试方案,将多种测试方法结合起来使用。

1. 等价类划分法

由于不能穷举所有可能的输入数据来进行测试,因此,只能选取少量具有代表性的输入数据作为测试数据,以用较小的代价测试出较多的程序错误。

等价类划分法属于黑盒测试,是将所有可能的输入数据划分成若干个等价类,然后在每个等价类中选取一个代表性的数据作为测试用例。

什么样的输入数据是最有代表性的呢?如果把所有可能的输入数据(既包括有效的输入数据也包括无效的输入数据)划分成若干个等价类,则可以合理地做出下述假定:每类数据中的一个典型值在测试中的作用与这一类中所有其他值的作用相同。因此,可以从每个等价类中只选取一组数值作为测试数据。这样选取的测试数据最有代表性,最有可能发现程序中的错误。目的是使用最少的测试用例测试出最多的错误。

使用等价类划分法设计测试用例的步骤如下。

(1) 划分等价类。使用等价类划分法设计测试方案首先需要划分输入数据等价类,为此需要研究程序的功能说明,从而确定输入数据的有效等价类和无效等价类。在确定输入数据等价类时常常还需要分析输出数据的等价类,以便根据输出数据的等价类导出对应的输入数据等价类。

划分等价类规则如下。

① 如果规定了输入值的范围,则可以划分出一个有效等价类(输入值在此范围内)和两个无效等价类(输入值小于最小值或大于最大值)。

② 如果规定了输入数据的个数,则可以划分出一个有效等价类(输入值的个数等于规定的个数)和两个无效等价类(输入值的个数小于规定的个数和大于规定的个数)。

③ 如果规定了输入数据的一组值,而且程序对不同输入值做不同处理,则每个允许的输入值是一个有效等价类,此外还有一个无效等价类(任何一个不允许的输入值)。

④ 如果规定了输入数据必须遵循的规则,则可以划分出一个有效等价类(符合规则)和若干个无效等价类(从各种不同角度违反规则)。

⑤ 如果规定了输入数据为整型,则可以划分出三个有效等价类(正整数、零、负整数)和一个无效等价类(非整数)。

⑥ 如果程序的处理对象是表格,则可以确定有效等价类(表有一项或多项)和一个无效等价类(空表)。

以上只是列举了一些规则,实际情况往往是千变万化的,在遇到具体问题时,可参照上述规则的思想来划分等价类。

(2) 建立等价类表。在确定了等价类之后,建立等价类表,列出所有划分出的等价类。并为每个有效等价类和无效等价类编号,如表 8-8 所示。

表 8-8 等价类表

输入条件	有效等价类	无效等价类

(3) 设计测试用例。利用等价类设计测试用例的步骤如下。

① 设计一个新的测试用例,使其尽可能多地覆盖尚未被覆盖的有效等价类,重复这一步骤,直到所有有效等价类都被覆盖为止。

② 为每个无效等价类设计一个新的测试用例。

2. 边界值分析法

边界值分析法也是一种黑盒测试方法,是对等价类划分法的补充。实践表明,错误最容易发生在输入或输出范围的边界上。这里所说的边界是指输入和输出等价类直接在其边界值上、稍大于边界值和稍小于边界值的数据。因此,针对各种边界情况设计测试用例,暴露出程序错误的可能性更大一些。

边界值分析法与等价类划分法的区别:边界值分析法是选取刚好等于、稍小于和稍大于等价类边界值的数据作为测试数据,而等价类划分法是选取每个等价类内的典型值或任意值作为测试数据。

通常设计测试用例时总是联合使用等价类划分法和边界值分析法两种技术。

边界值分析法选择测试用例的规则如下。

(1) 如果输入条件规定了值的范围,则选择刚刚达到这个范围的边界的值和刚刚超出这个范围的边界的值作为测试输入数据。

(2) 如果输入条件规定了值的个数,则选择最大个数、最小个数、比最大个数多1、比最小个数少1的数据作为测试输入数据。

(3) 如果程序的输入或输出是个有序集合,如顺序文件、表格,则应把注意力集中在有序集的第1个元素和最后1个元素上。

(4) 如果程序中定义的内部数据结构有预定义的边界,例如,数组和栈,则应选择边界值和刚好超出边界值的输入数据作为测试数据。

当遇到其他情况时,要多动脑筋,找出各种边界条件,尽量不要遗漏对可能产生错误的情况进行测试。

3. 错误推测法

错误推测法是一种依靠测试人员的直觉和经验推测可能存在的错误,并根据这些可能存在的错误设计测试用例的方法。

错误推测法的基本做法是列举出程序中所有可能有的错误和容易发生错误的特殊情况,然后设计相应的测试用例。

4. 逻辑覆盖

逻辑覆盖是以程序内部的逻辑结构为基础的测试用例设计技术,需要测试人员对程序的结构有清楚的了解。由于覆盖测试的目标不同,逻辑覆盖可分为语句覆盖、判定覆盖、条件覆盖、判定—条件覆盖、条件组合覆盖、路径覆盖、点覆盖和边覆盖。

(1) 语句覆盖。语句覆盖是指选择足够的测试用例,使得运行这些测试用例时,被测试程序中每个可执行语句至少被执行一次。例如,在图8-2中,设计一个测试用例使程序执行路径为a→c→b→e→d即可实现语句覆盖。选择测试用例"A=2,B=0,X=6"就可以了。

语句覆盖使被测试程序中每个可执行语句至少被执行一次,但这种覆盖对检测错误而言并不是完美无缺的。假设图8-2中两个判定条件的逻辑运算有问题,例如,把第一个判定表达式中的逻辑运算符and错写成or,或把第二个判定表达式中的条件">1"误写成"<1",那么使用上面的测试用例并不能发现这些错误。所以语句覆盖是很弱的逻辑覆盖方法,为了能测试出判定条件中的错误,引入了覆盖标准。

(2) 判定覆盖。判定覆盖又称为分支覆盖,是指选择足够的测试用例,使得运行这些测试用例时,被测试程序中每个判定分支也至少执行一次(即真假分支均通过一次)。

例如,对于图8-2的例子,能够分别覆盖路径a→c→b→e→d和a→b→d的两组测试用例,或者可以分别覆盖路径a→c→b→d和a→b→e→d的两组测试用例,都满足判定覆盖标准。表8-9中的两组测试用例就可做到判定覆盖。

表8-9 判定覆盖的测试用例

测试数据	A>1 and B=0	A=2 or X>1	覆盖路径
A=3,B=0,X=3	真	假	a→c→b→d
A=2,B=1,X=3	假	真	a→b→e→d

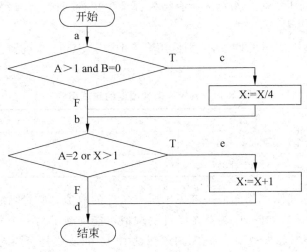

图 8-2　程序流程图

判定覆盖将每个判定的所有可能结果都至少执行一次,所以,程序中的所有语句也必定至少执行一次。因此,满足判定覆盖的测试用例也一定满足语句覆盖。由此可见,判定覆盖比语句覆盖强,但是对程序逻辑的覆盖程度仍然不高,上面的测试用例只覆盖了程序全部路径的一半。

(3) 条件覆盖。条件覆盖就是选择若干个测试用例,使得运行这些测试用例时,不仅被测试程序中的每个语句至少执行一次,而且每个判定的每个条件的所有可能取值至少执行一次。

例如,对于图 8-2 例子中的两个判定表达式的条件,考虑各条件取值的情况,规定以下四种状态。

① $T1:A>1$,记作 T1;$F1:A\leqslant 1$,记作 F1。
② $T2:B=0$,记作 T2;$F2:B\neq 0$,记作 F2。
③ $T3:A=2$,记作 T3;$F3:A\neq 2$,记作 F3。
④ $T4:X>1$,记作 T4;$F4:X\leqslant 1$,记作 F4。

选择如表 8-10 所示测试用例就可满足条件覆盖。

表 8-10　条件覆盖的测试用例

测试数据	覆盖条件	A>1 and B=0	A=2 or X>1	覆盖路径
A=2,B=0,X=6	T1,T2,T3,T4	真	真	a→c→b→e→d
A=1,B=1,X=1	F1,F2,F3,F4	假	假	a→b→d

条件覆盖通常比判定覆盖强,但是由于条件覆盖是对构成判定的条件进行分解以后孤立地满足各条件的可能取值,因此设计的测试用例可能满足条件覆盖但未必满足判定覆盖,满足判定覆盖也不一定满足条件覆盖,为解决这一矛盾,需要兼顾条件覆盖和判定覆盖。

(4) 判定—条件覆盖。判定—条件覆盖是指选择若干个测试用例,使得运行这些测试用例时,被测试程序中每个判定的所有结果都至少执行一次,并且每个判定的每个条件的所有可能取值至少执行一次。

例如,对于图 8-2 所示的例子,分别使用表 8-10 或表 8-11 中的测试用例,都能满足判定—条件覆盖。

表 8-11 判定—条件覆盖的测试用例

测 试 数 据	覆盖条件	A>1 and B=0	A=2 or X>1	覆盖路径
A=2,B=0,X=4	T1,T2,T3,T4	真	真	a→c→b→e→d
A=1,B=1,X=0.5	F1,F2,F3,F4	假	假	a→b→d

从表面上看,上述测试用例似乎考虑了所有条件的取值,同时照顾了判定的各个分支路径。但实际情况并非如此,因为某个条件的取值可能屏蔽了另一个条件。例如,判定表达式 A>1 and B=0,如果 A>1 为真,则须测试 B=0 的取值是否为真;如果 A>1 为假,则无须测试 B=0 的取值了,所以 B=0 条件没有被测试。所以判定—条件覆盖不一定能测试出逻辑表达式中的错误。

(5) 条件组合覆盖。条件组合覆盖是指选择足够的测试用例,使得运行这些测试用例时,被测试程序的每个判定中条件取值的所有可能组合都至少出现一次。

例如,对于图 8-2 所示的例子,共有以下八种可能的条件组合。

① A>1,B=0。
② A>1,B≠0。
③ A≤1,B=0。
④ A≤1,B≠0。
⑤ A=2,X>1。
⑥ A=2,X≤1。
⑦ A≠2,X>1。
⑧ A≠2,X≤1。

选择如表 8-12 所示的四组测试用例就能满足上述八种条件组合每种至少出现一次。

表 8-12 条件组合覆盖的测试用例

测 试 数 据	满足条件组合	覆盖路径
A=2,B=0,X=6	A>1,B=0;A=2,X>1	a→c→b→e→d
A=2,B=1,X=1	A>1,B≠0;A=2,X≤1	a→b→e→d
A=0,B=0,X=2	A≤1,B=0;A≠2,X>1	a→b→e→d
A=1,B=1,X=1	A≤1,B≠0;A≠2,X≤1	a→b→d

显然,满足条件组合覆盖标准的测试用例一定也满足语句覆盖、条件覆盖、判定覆盖和判定—条件覆盖,所以条件组合覆盖是一种比较强的覆盖标准。但是,满足条件组合覆

盖的数据并不一定能执行程序中的每条路径。例如，上述测试用例没有覆盖路径 a→c→b→d。

（6）路径覆盖。路径覆盖是指选择足够的测试用例，使得运行这些测试用例时，被测试程序的每条可能路径至少执行一次（如果程序中包含环路，则要求每条环路至少通过一次）。

在图 8-2 所示的例子中共有四条可能的执行路径，它们分别是 a→c→b→e→d、a→b→e→d、a→c→b→d、a→b→d。

选择如表 8-13 所示的四组测试用例就能满足路径覆盖要求。

表 8-13　路径覆盖的测试用例

测 试 数 据	覆 盖 路 径	测 试 数 据	覆 盖 路 径
A=2,B=0,X=5	a→c→b→e→d	A=3,B=0,X=1	a→c→b→d
A=1,B=1,X=2	a→b→e→d	A=0,B=1,X=1	a→b→d

路径覆盖保证了程序中每个可能的逻辑路径至少执行一次，使测试用例更具有代表性，暴露问题的能力比较强，因此，它是一种比较强的覆盖标准。但它并没有覆盖判定中条件取值的各种可能情况，不能替代条件覆盖和条件组合覆盖，所以，在实际情况中，常常是将路径覆盖与条件组合覆盖相结合使用，可以设计出检错能力更强的测试用例。

（7）点覆盖。把如图 8-2 所示程序流程图中的每个框看作一个节点，连接不同框的连线改为有向弧，就可得到程序流程图（见图 8-3）。点覆盖是指选择足够的测试用例，使得程序执行路径至少经过程序流程图中的每个节点一次。点覆盖和语句覆盖要求是相同的。

图 8-3　和图 8-2 对应的程序流程图

（8）边覆盖。边覆盖是指选择足够多的测试用例，使得程序执行路径至少经过程序流程图中每条边一次。

例如，选择如表 8-14 所示的测试用例就能满足边覆盖要求。

表 8-14　边覆盖的测试用例

测 试 数 据	覆 盖 路 径
A=3,B=0,X=6	1→4→5→6→7
A=1,B=1,X=1	1→2→3

8.3　面向对象测试

面向对象测试

面向对象软件的测试目标仍然是用最少时间和工作量来发现尽可能多的错误。但面向对象软件的性质改变了测试的策略和测试技术。面向对象软件的测试也给软件工程师带来新的挑战。

8.3.1 面向对象语境对测试的影响

继承、封装、多态性、基于消息的通信等概念都是面向对象软件的重要特征，它们对面向对象测试有很多的影响。

1. 单元

适用于面向对象测试的两种单元定义如下。
（1）单元是可以编译和执行的最小软件部件。
（2）单元是绝不会指派给多个设计人员开发的软件部件。
类是面向对象软件中的单元。

2. 封装

由于属性和操作被封装在类中，因此测试时很难获得对象的某些具体信息（除非提供内置操作来报告这些信息），从而给测试带来困难。

3. 继承

测试了父类的操作后，并不表示其子类就不必对继承的操作进行测试。

4. 多态性

在测试时，应覆盖反映多态的所有实现方法。

5. 基于消息的通信

面向对象软件是通过消息通信实现类之间的协作，它们没有明显的层次控制结构，因此，传统的自顶向下和自底向上集成策略不适用于面向对象软件测试。

8.3.2 面向对象的测试策略

1. 类内测试

把类作为面向对象软件的单元，传统的单元测试等价于面向对象中的类测试，也称为类内测试。它包括类内的方法测试和类的行为测试。

2. 类间测试

面向对象中的类间测试相当于面向对象的集成测试。它有以下两种策略。
（1）基于线程的测试（thread-based testing）。集成一组互相协作的类来响应系统的一个输入或事件，每个线程逐一被集成和测试，并通过回归测试保证其没有产生副作用。

(2) 基于使用的测试(use-based testing)。按使用层次来集成系统,把那些几乎不使用其他类提供的服务的类称为独立类,把使用类的类称为依赖类。集成从测试独立类开始,然后集成直接依赖于独立类的那些类,并对其进行测试。按照依赖的层次关系,逐层集成并测试,直至所有的类被集成。

3. 确认测试和系统测试

面向对象的确认测试和系统测试策略与传统的确认测试和系统测试策略相同,主要用黑盒测试方法,根据动态模型和描述系统行为的脚本来设计测试用例,利用用例模型发现与用户需求不一致的错误。

8.3.3 面向对象测试用例设计

传统的测试用例设计方法及其思想在面向对象测试中仍是可用的。

1. 类内测试

测试类中的每个操作(相当于传统软件中的函数或子程序),通常采用白盒测试方法,如逻辑覆盖、基本路径覆盖等。

测试类的行为(通常用状态机图来描述),利用状态机图进行类测试时,可考虑覆盖所有状态、所有状态迁移等覆盖标准,也可考虑从初始状态到终止状态的所有迁移路径的覆盖。

划分测试(partition testing),这种方法与等价类划分法相似,它将输入和输出分类,并设计测试用例来处理每个类别。划分的方式有以下三种。

(1) 基于状态的划分是根据操作改变类状态的能力对操作分类。

(2) 基于属性的划分是根据使用的属性对操作分类,如使用属性 a 的操作、修改属性 a 的操作、既不使用又不修改属性 a 的操作。

(3) 基于类别的划分是根据操作的种类对操作分类,如初始化操作、计算操作、查询操作、终止操作。

2. 类间测试

类间测试主要测试类之间的交互和协作。在 UML 中通常用顺序图和协作图来描述对象之间的交互与协作。可以根据顺序图或协作图,设计作为测试用例的消息序列,来检查对象之间的协作是否正常。

3. 基于场景的测试

场景是用况的实例,它反映了用户对系统功能的一种使用过程,基于场景的测试主要用于确认测试,在类间测试时也可根据描述对象间的交互场景来设计测试用例。

8.4 使用软件测试工具

软件测试的工作量很大。据统计,一般占软件总开发工作量的40%以上。为了减小测试工作量,需要借助于一些测试工具。

目前,用于测试的工具已经比较多,这些测试工具一般可分为白盒测试工具、黑盒测试工具和测试管理工具(测试流程管理、缺陷跟踪管理、测试用例管理)。

8.4.1 白盒测试工具

白盒测试工具一般是针对程序源代码进行测试,测试中发现的软件缺陷可以定位到具体的代码行。根据工作原理不同,将白盒测试工具分为静态分析工具和动态分析工具。

1. 静态分析工具

不执行被测试程序,直接对源代码进行语法扫描,找出不符合编码规范的地方,也可以根据某种质量模型评价源代码质量,还可以生成系统函数模块的调用关系图等。

静态分析工具的原理是测试程序源代码文件作为输入,对程序源代码进行分析,然后与用户定制的质量模型进行比较,根据实际情况与模型之间的差距,得出对软件产品的质量评价。

静态分析工具的主要功能是对程序源代码进行规范性检查、静态结构分析和对代码复杂度进行度量。

静态分析工具很多,常用的针对Java编程语言的静态分析工具有PMD、CheckStyle、FindBugs和Jtest。

2. 动态分析工具

采用"插桩"的方式,向被测试程序源代码编译生成的可执行文件中插入一些监测代码,利用监测代码收集并统计分析被测试程序实际运行时的关注数据,依据关注数据生成测试报告。要求被测试程序实际运行起来,且只能收集到执行过的那部分源代码的关注数据。

在动态测试中,软件测试员要观察被测试程序运行时内部是否发生了不该发生的事情。如软件系统的所有功能都能够正常执行可就是无法长时间持续运行;还有些客户机/服务器架构的软件系统在并发登录的客户端少时可以正常运行,可是在并发登录的客户端增多时系统运行就不正常。

软件动态分析工具为了收集被测试程序运行时的信息大多采用插桩技术。观测软件系统在运行状态中的各种行为和各种状态,通过收集、分析得出相关的覆盖率分析、内存分析、性能分析等结果。

原始插桩技术,常常要往相关代码中插入一些打印语句;有些动态分析工具向程序源代码中插桩后,再编译插桩后的源代码,然后动态执行以收集被测试程序的运行时信息;有些动态分析工具向可执行文件(包括DLL动态链接库文件)中插桩,再执行插桩后的可执行文件,以收集被测试程序的运行时信息。

目前测试工具主要支持的开发语言包括标准C、C++、Visual C++、Java、Visual J++等。

IBM公司的白盒测试工具见表8-15。

表8-15 IBM公司的白盒测试工具

工具名	支持语言环境	功能
Purify	VC++、Java	内存错误检测
PureCoverage	VC++、VB、Java	测试覆盖程度检测
Quantify	VC++、VB、Java	测试性能瓶颈检测

此外,针对不同的编程语言,有不同的进行单元测试的白盒测试工具,例如,J单元——Java;PHP单元——PHP;VB单元——VB;Visual单元——C/C++;D单元——Delphi。

8.4.2 黑盒测试工具

黑盒测试工具的一般原理是采用测试脚本的录制(record)/回放(playback)机制模拟用户的业务操作,回放时将被测试程序的输出记录下来并同预先给定(往往是脚本录制时记录的)的标准结果相比较。黑盒测试工具分为功能测试工具和性能测试工具两类。

1. 功能测试工具

功能测试工具用来检测应用程序是否能够按照预期功能进行正常运行,主要用于功能回归测试。

2. 性能测试工具

性能测试工具主要用于度量客户机/服务器架构的分布式应用软件系统的可扩展性和并发访问性能,是一种预测系统在压力情况下的性能和行为的自动化测试工具。

性能测试工具能够对整个企业架构进行测试,通过性能测试工具,企业能最大限度地缩短测试时间,优化系统性能并缩短应用系统的发布周期。

主流黑盒测试工具见表8-16。

表8-16 主流黑盒测试工具

工具名	公司名	功能
WinRunner	Mercury	功能测试工具,检测应用程序是否能够达到预期的功能及正常运行
Astra Quicktest	Mercury	Web自动化测试工具

续表

工具名	公司名	功　能
Robot	IBM Rational	功能测试工具、性能测试工具
QARun	Compureware	功能测试工具，类似于 WinRunner
SilkTest	Segue	功能测试工具
LoadRunner	Mercury	负载测试工具

8.4.3　测试管理工具

测试管理工具用于对测试进行管理，包括对测试需求、测试计划、测试用例、测试实施过程进行管理，测试管理工具还包括对软件缺陷的跟踪管理。测试管理工具还能够让位于不同工作地点的测试员、开发人员或其他相关 IT 人员通过中央数据仓库方便地交流相关信息。常见的测试管理工具见表 8-17。

表 8-17　常见的测试管理工具

工具名	公司名	功　能
TestDirector	Mercury	提供测试需求、测试计划、缺陷管理
Test Manager	IBM Rational	测试管理工具。提供测试计划、测试评估、测试报告管理，以及链接测试用例与需求
ClearQuest	Rational	缺陷和变更跟踪系统
Bugzilla	Mozilla	免费的缺陷管理工具
TrackRecord	Compureware	缺陷管理工具

8.5　软件调试

测试的目的是发现软件中的错误，但是，发现错误并不是最终目标。软件工程的根本目标是开发出高质量的完全符合用户需要的软件产品，因此，通过测试发现软件错误之后还必须诊断并改正软件错误，直到测试没有错误为止，这就是调试（也称为纠错）。

调试工作包括两方面的内容：一方面的内容是诊断错误。通过程序中存在错误的某些现象着手，找出错误的原因和准确位置，通常工作量大约占整个调试工作总量的 90%。另一方面的内容是改正错误。认真研究出现错误的这些模块或接口，分析这段程序代码，以确定出现问题的原因，并最终设法改正这些错误。一般来说，知道错误的原因和位置，改正错误比较容易。调试要求对程序结构和算法逻辑十分熟悉，一般由程序设计者本人进行。

8.5.1 软件调试方法

1. 输出存储器内容

通过在程序中设置断点,输出寄存器和存储器的内容,打印有关变量的值等手段,获取大量现场信息,从中找出错误的原因。这是软件调试中最常用的技术,但这种技术的效率低。

2. 插入打印语句

在程序中插入若干标准打印语句以输出某些变量的值,设置程序暂停控制。这种方法可以动态地显示关键数据对象的行为,给出的信息容易与源程序对应。为程序员分析错误原因提供线索。

3. 使用自动调试工具

目前,许多程序设计语言的集成开发环境都提供程序调试功能,这包括不改变源程序代码,利用调试运行功能实现语句运行跟踪,以及程序断点设置、设置变量状态观察窗口、子程序调用序列跟踪等。

8.5.2 常用调试策略

软件调试具有极强的技术性,任何调试工具只是调试的辅助工具,调试过程的关键不是使用上面的技术,而是对错误的推测分析策略。调试过程中常用的分析策略有以下几种。

1. 试探法

针对错误不复杂,程序比较简单的情况,根据错误征兆,猜测故障的大致位置,选取一种纠错方法,找到有关的出错信息,借此逐渐确定原来的分析,渐渐找出错误的原因与位置,然后纠错。

2. 回溯法

回溯法是从发现错误的地方开始,人工沿着程序的控制流往回追踪程序源代码,直至找到错误的根源为止。这种方法适用于小型程序,对大型程序,由于回溯的路径太多,难以彻底回溯。

3. 对分查找法

如果已知程序内若干个关键点的某些变量的正确值,则可在程序的中点附近用赋值语句或输入语句对这些变量赋以正确值,然后检查程序的输出结果。如果输出结果正确,则可认为程序的后半段无错,故障在程序的前半部分;反之故障在程序的后半部分。对程序中有故障的那部分再重复使用这个方法,直到把故障缩小到容易诊断的程度,定位错误并纠错。

4. 演绎法

从测试数据中分析可能出错的原因,排除不会发生的错误原因。分析余下的错误原因,可确定的,留下继续分析,并排除错误。剩余不可确定的原因,再增加测试数据。重复上述过程,直到排除错误。演绎法是一个由普遍错误到特定错误的过程,是由一般到个别的分析排除过程。

5. 归纳法

归纳法是一种从特殊推断一般的错误推断排除法,是一个收集有关数据、组织数据、寻找假设、证明假设、排除假设的过程。其基本思想是从一些线索(错误征兆)着手,通过分析它们之间的关系来找出错误的原因。

8.6 编写软件测试分析文档

软件测试阶段需要编写测试分析报告。测试分析报告是软件配置的重要组成部分,在软件的维护阶段起着重要的作用,需要对其进行详细的记录和保存。

《计算机软件文档编制规范》(GB/T 8567—2006)规定的软件测试分析报告的主要内容有以下几项。

(1) 引言。
① 标识。
② 系统概述。
③ 文档概述。
(2) 引用文件。
(3) 测试结果概述。
(4) 详细的测试结果。
(5) 测试记录。
(6) 评价。
① 能力。
② 缺陷和限制。
③ 建议。
④ 结论。
(7) 测试活动总结。

8.7 拓展提高——度量程序的复杂性

程序的复杂性主要是指模块内程序的复杂性。它直接关联到软件开发费用的多少、开发周期的长短和软件内部潜藏错误的多少。同时它也是软件可理解性的另一种度量。

减少程序的复杂性,可提高软件的简单性和可理解性,并使软件开发费用减少,开发周期缩短,软件内部潜藏错误减少。

在目前已提出的各种复杂性度量算法中,使用得比较广泛的是 McCabe 度量法和 Halstead 度量法。下面着重介绍这两种方法。

1. McCabe 度量法

McCabe 度量法以程序流程图的分析为基础,根据程序控制流的复杂程度,定量度量程序复杂度。McCabe 度量法是比较出色和实用的方法,它能够计算出多种软件复杂度,由此可对软件进行检查、分析和查明哪些可能导致错误的代码。

首先画出程序流程图;其次用程序流程图的环路复杂度(又称圈数)来测量程序的复杂度。程序环路复杂度计算方法有以下三种。

(1) 程序的环路复杂度计算公式为

$$V(G) = m - n + 2$$

式中,$V(G)$ 是程序流程图 G 的环路复杂度;m 是 G 中的弧数;n 是 G 中的节点数。

例如,图 8-4 程序流程图的节点数 $n=6$,弧数 $m=7$,则有环路复杂度 $V(G)=m-n+2=7-6+2=3$。

(2) 对于单入口单出口模块,程序流程图 G 的环路复杂度计算公式为

$$V(G) = P + 1$$

式中,P 是在程序中判定节点的个数。

源代码中 If 语句、While 语句、For 语句和 Repeat 语句的判定节点数为 1,Case 多分支语句的判定节点个数等于可能的分支数减 1。

例如,图 8-4 程序流程图中判定节点数 $P=2$,则有环路复杂度 $V(G)=P+1=2+1=3$。

(3) 在强连通的程序流程图中,环路复杂度等于线性无关的有向环的个数。

还是以图 8-4 程序流程图为例,图中开始节点和结束节点没有连接,不是强连通的,需要在程序流程图中增加一条连接这两个节点的弧,这样整个程序流程图就是强连通了,如图 8-4 所示。图中线性无关的有向环的个数为 3,也就是环路复杂度为 3。

图 8-4 强连通的程序流程图

可见,三种计算方法计算结果是相同的。

$V(G)$ 越大,标志该程序越复杂。McCabe 度量法发现当一个模块的 $V(G)$ 超过 10 时,这个模块可能就会出问题。Grady 和他的研究小组关于 $V(G)$ 的结论是:模块中允许的最

大圈数为 15。

McCabe 度量法实质上是对程序控制流复杂性的度量,它并不考虑数据流,因而其科学性和严密性具有一定的局限性。

2. Halstead 度量法

Halstead 度量法通过计算程序中的运算符和操作数的数量来度量程序的复杂度。

设 n_1 为程序中不同运算符(包括关键字)的个数;n_2 为程序中不同操作数的个数;N_1 为程序中实际运算符的总数;N_2 为程序中实际操作数的总数;H 为程序的预测长度;N 为程序的实际长度。Halstead 度量法给出 H 的计算公式为

$$H = n_1 \log_2 n_1 + n_2 \log_2 n_2$$

N 的计算公式为

$$N = N_1 + N_2$$

Halstead 度量法的重要结论之一是程序的实际长度 N 与程序的预测长度 H 非常接近。这表明即使程序还未编写完也能预先估算出程序的实际长度 N。Halstead 度量法还给出了另外一些计算公式,例如,程序中的错误数预测值 $B = N \log_2 (n_1 + n_2) \div 3000$。

Halstead 度量法实际上只考虑了程序的数据流而没有考虑程序的控制流,因而也不能从根本上反映程序的复杂性。

这两种度量方法都是针对传统的结构化程序设计方法的。当将其应用到面向对象程序设计方法时,不再适用于其中的某些概念,如类、继承、封装和消息传递等。但在目前尚未找到专门针对面向对象的复杂性度量方法的情况下,这些传统的度量算法也能在一定程度上反映软件开发的复杂程度。

8.8 习　　题

1. 名称解释

软件测试　程序测试　白盒测试　黑盒测试　模块测试　集成测试　验收测试　Alpha 测试　Beta 测试　等价类划分法　边界值分析法

2. 填空题

(1) 静态测试包括_____和_____两种方法;动态测试有_____和_____两种方法。

(2) 模块测试的主要内容有_____、_____、_____、_____。

(3) 软件调试方法有_____、_____、_____。

(4) 软件调试常用策略有_____、_____、_____、_____。

3. 简答题

(1) 软件测试的目标是什么?软件测试的对象是什么?

(2) 软件测试的原则有哪些?

(3) 简述语句覆盖、判定覆盖、条件覆盖、判定—条件覆盖、条件组合覆盖、路径覆盖、点覆盖和边覆盖的区别。

4. 操作题

(1) 设计目标系统测试用例,完成目标系统的测试工作。

(2) 编写测试分析报告,以项目组为单位提交。参考《计算机软件文档编制规范》(GB/T 8567—2006)中的"测试分析报告"的编写提示。

任务9　新闻发布系统项目的发布与维护

- 能力目标
  - 能够生成项目发布文件。
  - 能够编写便于用户操作的使用说明书。
  - 能够按要求实施软件维护工作。
- 知识目标
  - 掌握软件维护类型、维护方式和可维护性度量知识。
  - 掌握软件维护过程、软件维护方法。
  - 了解软件维护的副作用。

任 务 导 入

软件维护是软件生命周期的最后一个阶段,它处于系统投入生产性运行以后的时期,因此不属于系统开发过程。要想充分发挥软件系统的作用,产生良好的社会效益和经济效益,就必须搞好软件维护。软件维护需要的工作量非常大,虽然在不同应用领域维护成本差别很大,但是平均来说,大型软件的维护成本高达开发成本的四倍左右。目前,国外许多软件开发组织把60%以上的人力用于维护已有的软件,而且随着软件数量增多和使用寿命延长,这个百分比还在持续上升。典型的情况是,软件维护费用与开发费用的比例为2∶1,一些大型软件的维护费用,甚至达到开发费用的50倍左右。这也是造成软件成本大幅度上升的一个重要原因。

任 务 清 单

(1) 编写新闻发布系统用户手册。
(2) 发布产品。
(3) 维护软件。

9.1 案例——新闻发布系统用户手册

与其他产品一样,软件产品在交付使用前,也应该提供用户使用说明书。用户手册要使用非专门术语的语言,充分地描述该软件系统所具有的功能及基本使用方法。使用户(或潜在用户)通过阅读手册能够了解该软件的特性、用途和操作流程,解决用户在使用过程中的疑难问题。通常用户使用说明书的内容包括以下几点。

(1) 软件产品特色。
(2) 软件产品安装与运行环境。
(3) 软件产品功能介绍。
(4) 软件产品使用介绍等。

新闻发布系统用户手册着重使用方法的介绍。

管理员登录成功后进入后台管理主页面(图 9-1),可以进行用户管理、栏目管理、类别管理、新闻管理和使用帮助。

图 9-1 管理主页面

9.1.1 栏目管理

在管理主页面中单击"栏目管理",进入栏目管理页面,可以进行新闻栏目的添加和管理。

1. 添加栏目

在新闻发布系统中,系统管理员负责添加新闻栏目。填写的内容包括栏目名称和栏目描述,栏目顺序不需要添加。当输入的内容符合要求时,单击"保存"按钮,保存成功,返回到栏目管理页面。否则,会弹出提示信息,根据提示信息操作即可。

添加栏目页面如图 9-2 所示。

图 9-2　添加栏目页面

2. 新闻栏目管理

(1) 修改新闻栏目。系统管理员进入如图 9-3 所示栏目管理页面,可以在此修改栏目名称、栏目描述和栏目顺序,完成修改操作后,单击"修改"图标即可。

图 9-3　新闻栏目管理页面

(2) 删除新闻栏目。单击要删除栏目后的"删除"图标,按照提示信息即可完成删除操作。

9.1.2　类别管理

在管理主页面中单击"类别管理",进入类别管理页面,可以进行新闻类别的添加和管理。

1. 类别添加

系统管理员负责添加新闻类别。添加类别页面如图 9-4 所示,要求填写的内容包括分类名称、选择栏目和分类描述。当输入内容符合要求时,单击"保存"按钮,保存成功,并返回到类别管理页面。否则,按照系统提示信息重填。

图 9-4　添加类别页面

2. 类别管理

（1）修改新闻类别。系统管理员进入如图 9-5 所示类别管理页面，可以修改分类名称、类别所属栏目和描述，按要求完成修改操作后，单击"修改"图标，完成修改操作。

图 9-5　类别管理页面

（2）删除新闻类别。单击要删除新闻类别后的"删除"图标，按照系统提示信息完成删除操作。

9.1.3　新闻管理

在管理主页面中单击"新闻管理"，进入"新闻管理"页面，可以进行新闻发布和新闻管理。

1. 新闻发布

（1）单击"新闻发布"，进入"新闻发布"页面，如图 9-6 所示。填写新闻标题、发布时间、关键字、信息来源和信息内容，选择信息所属类别。用户可以选择信息内容的字体，还可以插入图片等。

图 9-6　"新闻发布"页面

(2)用户按要求填写好新闻后,单击"保存"按钮,若保存成功,则提示用户"添加成功,请继续添加",如图 9-7 所示。

图 9-7　新闻发布成功提示窗口

2．新闻管理

在新闻管理页面中单击"新闻管理",进入新闻管理页面,如图 9-8 所示,可以进行新闻检索、修改、删除和变换新闻类别的操作。

图 9-8　新闻管理页面

(1) 修改新闻。单击"编辑"图标,进入新闻编辑页面。用户可以修改新闻的标题、信息属性(新闻栏目和类别)、新闻内容、关键字等信息。按要求修改完毕,单击"保存"按钮,返回新闻管理页面。

(2) 删除新闻。单击要删除新闻信息后的"删除"图标,根据系统提示信息可以删除当前新闻。选中多条新闻信息可以批量删除新闻。

9.2　发布产品

软件发布是在软件开发完成之后,为软件的安装所做的准备工作和宣传活动,是软件开发生命周期中的一个重要环节。在 Windows 操作系统下,程序员完成编程后会产生一个可执行文件,但是,如果要想在其他计算机上运行目标程序,还需要一些其他文件,如动态链接库文件、图形文件、初始化文件、资源文件等,这些文件是制作软件安装包必需的。针对 Windows 操作系统的安装包制作工具有很多,如 Install Shield 等,借助这些工具可以快速方便地制作出安装程序。

除了制作软件安装包外,还需要制定相应的软件发布规范和准备一些相关文档,如安装手册、用户手册、版本注释、测试报告等。

1．发布前的准备工作

当产品的 Beta 版本测试合格,并且项目管理团队、开发团队和测试团队三方都签字确认终结该产品的开发后,企业的高层管理人员就应向市场与销售中心下达《产品发布通知单》,市场与销售中心须做以下准备。

(1) 编写培训教材。
(2) 产品包装设计。
(3) 产品母盘制作。

(4)产品光盘刻录。
(5)软件资料印刷。
(6)销售人员培训。
(7)发布产品检验。
(8)发布产品交付。
(9)确定发布方式。

2. 产品发布策略

产品的发布时机是由市场利润、开发进度、产品功能与质量、版本管理状态、客户可接受程度等多方面的因素决定的。

例如,微软"基于版本发布"的指导原则中的第一项内容,就是 Trade-of Decision,即"折中决定"。该决定的指导思想是当产品的"可靠性"介于"最优"与"客户可以接受"两者之间时,就可以发布了。

微软"基于版本发布"的指导原则中的第二项内容,就是项目管理团队、开发团队和测试团队三方都签字确认终结产品的开发,终结该产品的版本,该产品才能发布。

3. 产品发布方式

软件企业市场与销售中心要通过各种媒体进行产品发布,以扩大影响、吸引客户、占领市场。软件产品发布方式有下面几种。

(1)聘请有关领导、新闻媒体记者和各大客户代表,召开新闻发布会,宣布新产品的优点,描述其市场前景,现场演示,厂商给嘉宾和客人送产品资料。

(2)在报纸、刊物、电视台、电台上做广告,宣传软件产品。

(3)在各种交易会、展览会、博览会上租用摊位,展示软件产品。

案例

产品发布方式创新实践案例——腾讯产品灰度发布模式

深圳市腾讯计算机系统有限公司(简称腾讯)创新了产品"灰度发布"模式,它将产品试用扩大到海量用户一端,在小范围及时收集用户反馈,分析用户行为和喜好,持续修正自己产品的功能体验。即发布一项业务时,不是一下子发布给所有用户,而是分批分期地发布,目的有两个方面:一是减轻服务器压力;二是可以在小范围收集到用户的反馈,如果业务出现问题,不会让大部分的用户受到影响。灰度发布既可以降低发布风险,也可以提升发布频率,加快发布节奏。

此外,腾讯还根据具体的业务特点而采取不同的发布方式,有的采取固定周期发布,例如,QQ客户端基本每个月都会发布一个版本;有的根据用户需要随时发布,例如,QQServer的发布会根据需求来源分成十多个子项目,每个子项目根据需要随时发布;对于一个特别紧急的需求或运营事件,则采取紧急发布方式,例如,2020年受疫情影响,在线办公应用迅速火爆,腾讯会议的用户数出现爆炸式增长,腾讯快速升级产品,腾讯会议40天更新14个版本,成为一个小步快跑、快速迭代的经典案例。

9.3 维护软件

软件产品在投入生产性运行以后就进入软件维护阶段。软件维护是软件生命周期中时间最长、花费精力和财力最多的阶段。软件维护需要的人力、物力都非常大,虽然在不同应用领域维护成本差别很大,但是平均来说,大型软件的维护成本高达开发成本的四倍左右。

软件维护就是在软件运行阶段或维护阶段对软件产品所进行的修改。

软件维护类型

9.3.1 软件维护类型

根据软件维护的性质,分为改正性维护、完善性维护、适应性维护和预防性维护。

1. 改正性维护

软件测试不可能找出软件中所有的错误。几乎在所有软件的使用过程中,用户都会发现错误,并把他们遇到的问题反馈给维护人员,然后由软件维护人员对错误进行诊断和改正。诊断和改正错误的过程称为改正性维护。这一类型的维护工作通常情况下占整个维护工作量的20%。

2. 完善性维护

用户在使用软件的过程中常常会提出一些新的功能或性能要求。为满足这些新的要求,增加软件功能、改善软件性能而进行的软件维护过程称为完善性维护。完善性维护占整个维护工作量的50%以上。

3. 适应性维护

随着计算机的发展,计算机硬件环境和软件环境、数据环境都在不断地发生变化,为了使软件适应新的环境而进行的软件修改过程称为适应性维护。适应性维护占整个维护工作量的20%左右。

4. 预防性维护

为提高软件的可维护性和可靠性,为以后进一步改进软件奠定良好的基础而对软件进行的修改称为预防性维护。这种维护活动在实践中比较少见,占整个维护工作量的不到5%。

另外,还有其他维护活动,约占整个维护工作量的5%。

软件维护方式

9.3.2 软件维护方式

1. 结构化维护

有些软件有完整的软件文档,软件维护工作就可以从分析软件设计文档入手,根据文档来确定整个软件重要的结构特点、接口特点以及性能特点,分析即将进行的修改工作可能带来的影响,并设计实施方式。然后修改设计、复查,根据设计的修改,进行程序的变动,使用测试文档中的测试用例进行回归测试,并将其结果与原来的测试结果进行比较,确保修改没有引入新的错误,最后将修改后的软件再次交付使用。这种软件维护方式称为结构化维护。

2. 非结构化维护

有的软件只有源程序,文档很少或没有文档,维护工作只能从阅读、理解、分析源程序入手。如果在源程序中对于软件结构、全程数据结构、系统接口、性能和设计约束等特点注释或说明不清楚,很多问题就难以搞清楚。由于常常误解一些问题,最终对源程序修改的后果是难以预料的。这种软件维护方式称为非结构化维护。

结构化维护与非结构化维护流程图如图9-9所示。

图9-9 结构化维护与非结构化维护流程图

9.3.3 软件维护实施

为了更好地完成软件维护任务,软件开发机构需要成立一个正式的或非正式的组织机构,申明提出维护申请报告的过程及评价的过程,为每一个维护申请规定标准的处理步骤,建立维护活动的记录保管制度,规定评价和复审的标准。

1. 成立组织机构

除了较大的软件开发公司外,通常并不需要成立一个正式的软件维护组织机构。但是在开发部门确立一个非正式的软件维护组织机构则是非常必要的。维护组织通常以维护小组的形式出现。维护小组由维护负责人、系统管理员、配置管理员和维护员等人组成。

维护申请提交给组长维护负责人,他把申请交给系统管理员去评价。一旦做出评价,由维护员确定如何进行修改。在修改程序的过程中,由配置管理员严格把关,控制修改的范围,对软件配置进行审计。

2. 维护文档

维护文档有软件维护申请报告和软件修改报告两种。

(1) 软件维护申请报告。软件维护申请报告或称软件问题报告,由申请维护的用户填写。用户必须完整地说明产生错误的情况,包括输入数据、错误清单以及其他有关材料。如果申请的是适应性维护或完善性维护,用户必须提出一份修改说明书,列出所有希望的修改。软件维护申请报告将由维护负责人和系统管理员来研究处理。

(2) 软件修改报告。软件维护组织机构对软件维护申请报告研究处理后相应地做出软件修改报告,指明:

① 所需修改变动的性质。
② 申请修改的优先级。
③ 满足维护要求表中提出的要求所需要的工作量。
④ 预计修改后的状况。

软件修改报告应提交维护负责人,经批准后才能开始进一步安排维护工作。

3. 软件维护的基本流程

首先,确定更改要求。其次,根据更改要求,判断维护类型。如果属于完善性维护或适应性维护,则先确定各个更改要求的优先次序,对于优先次序低的要求,把安排好的开发工作量列入计划;对于优先次序高的要求,开始问题分析,安排维护人员实施维护。对于改正性维护要先评价错误严重程度,如果错误不严重,安排改正性维护,列入计划;如果错误严重,在系统管理员指导下,分析问题,进行维护。软件维护的基本流程如图 9-10 所示。

不管完善性维护、适应性维护还是改正性维护,都要进行相同的技术工作,包括修改软件需求规格说明,修改软件设计,设计评审,对源程序做必要的修改,单元测试,集成测试(回归测试),确认测试,软件配置评审等。

当然,也有并不完全符合上述事件流的维护要求。例如,发生恶性的软件问题时,就出现所谓的"救火"维护要求。在这种情况下,需要立即把所有资源用来解决软件故障。

4. 保存维护记录

在软件维护过程中要记录一些与维护工作有关的数据信息,这些信息可作为评价软件维护的有效程度,确定软件产品的质量,确定维护的实际开销等工作的原始数据。

图 9-10 软件维护的基本流程

(1) 程序名称。
(2) 源程序语句条数。
(3) 机器代码指令条数。
(4) 所用的程序设计语言。
(5) 程序安装的日期。
(6) 程序安装后的运行次数。
(7) 与程序安装后运行次数有关的处理故障次数。
(8) 程序变动的层次及名称。
(9) 修改程序增加的源程序语句条数。
(10) 修改程序减少的源程序语句条数。
(11) 每次修改所耗费的"人时"数。
(12) 修改程序的日期。
(13) 软件维护人员的姓名。
(14) 软件维护申请报告的名称、维护类型。
(15) 维护开始时间和维护结束时间。
(16) 耗费在维护上的累计"人时"数。
(17) 维护工作的净收益等。

5. 维护工作评审

软件维护任务完成后都要进行评审,评审对将来的维护工作如何进行会产生重要的影响。一方面,可判定维护活动开展是否顺利、成功;另一方面,为今后的维护工作积累经验。据此可对开发技术、语言选择、维护工作计划、资源分配以及其他许多方面做出判定。软件维护评审时要对以下问题进行总结。

(1) 在目前情况下,设计、编码、测试中的哪一方面可以改进。
(2) 哪些维护资源应该有但没有。
(3) 工作中主要的或次要的障碍是什么。
(4) 从维护申请的类型来看是否应当有预防性维护。

具体的评价工作可从以下几个方面考虑。

(1) 每次程序运行的平均出错次数。
(2) 花费在每类维护活动上的总的"人时"数。
(3) 每个程序、每种语言、每种维护类型程序的平均修改次数。
(4) 维护工作中增加或删除每个源程序语句所花费的平均"人时"数。
(5) 用于每种语言的平均"人时"数。
(6) 软件维护申请报告的平均处理时间。
(7) 各类维护申请的百分比。

9.3.4 软件可维护性度量

所谓软件可维护性度量,就是维护人员理解、改正和改进这个软件的难易程度。

1. 影响软件可维护性的因素

影响软件可维护性的因素主要有可理解性、可测试性、可修改性和可移植性等。软件可维护性度量也就是对这些影响因素的度量。

(1) 可理解性。可理解性表现为维护人员理解软件的结构、接口、功能和内部过程的难易程度。影响软件可理解性的重要因素有模块化、结构化设计、详细的设计文档资料、源代码内部文档、良好的程序设计语言等。

(2) 可测试性。可测试性是指证明程序正确性的容易程度。在设计开发阶段应该注意尽量把软件设计成容易测试和容易诊断的,可用的测试工具和调试工具对测试与诊断非常重要。

(3) 可修改性。可修改性是指程序容易修改的程度。一个可修改的程序应当是可理解的、通用的、灵活的和简单的。软件的可修改程度与软件设计阶段采用的原则和策略是直接相关的。如模块的耦合、内聚、控制范围和作用范围、局部化程度都直接影响软件的可修改性。

(4) 可移植性。软件可移植性是指把程序从一种计算环境(硬件配置和操作系统)转移到另一种计算环境的难易程度。一个可移植的程序应具有结构良好、灵活、不依赖于某一具体计算机或操作系统的性能。可移植性度量的检查项目如下。

① 是否是用高级的独立于机器的语言来编写程序。

② 是否使用广泛使用的标准化的程序设计语言来编写程序,是否仅使用了这种语言的标准版本和特性。

③ 程序中是否使用了标准的普遍使用的库功能和子程序。

④ 程序中是否极少使用或根本不使用操作系统的功能。

⑤ 程序在执行之前是否初始化内存。

⑥ 程序在执行之前是否测定当前的输入/输出设备。

⑦ 程序是否把与机器相关的语句分离了出来,集中放在了一些单独的程序模块中,并有说明文件。

⑧ 程序是否结构化,并允许在小一些的计算机上分段(覆盖)运行。

⑨ 程序中是否避免了依赖于字母数字或特殊字符的内部位表示。

⑩ 程序是否避免了非标准的函数或子程序的调用。

⑪ 在几条分支结构中,是否最有可能为"真"的分支首先得到测试。

⑫ 在复杂的逻辑条件中,是否最有可能为"真"的表达式首先得到测试。

决定软件可维护性的最终因素是软件设计阶段所采用的方法,以及软件文档资料的好坏。提高软件可维护性是软件工程的一个重要目标。

2. 影响软件维护工作量的因素

(1) 系统大小。系统越大,功能越复杂,理解掌握起来就越困难,需要的维护工作量越大。

(2) 程序设计语言。使用功能强的程序设计语言可以控制程序的规模。语言的功能越强,生成程序所需的指令数就越少;语言的功能越弱,实现同样功能所需的语句就越多,程序就越大,维护起来就越困难。

(3) 系统年龄。老系统比新系统需要更多的维护工作量。许多老系统在当初并未按照软件工程的要求进行开发,没有文档或文档太少,或者在长期的维护中许多地方与程序不一致,维护起来困难较大。

(4) 数据库技术的应用。使用数据库工具,可有效地管理和存储用户程序中的数据,可方便地修改、扩充报表。数据库技术的应用可以减少维护工作量。

(5) 先进的软件开发技术。在软件开发时,如果使用能使软件结构比较稳定的分析与设计技术(如面向对象分析、设计技术),可以减少一定的工作量。

(6) 其他。如应用的类型、数学模型、任务的难度、IF 嵌套深度等都会对维护工作量产生一定的影响。

3. 提高软件可维护性的方法

(1) 使用先进的软件开发技术和工具。为了提高软件的可维护性,应该及时学习并应用能提高软件质量的技术和开发工具,例如,模块化技术、面向对象软件开发技术等。

(2) 建立明确的软件质量目标和优先级。如果要求一款软件满足可维护性的所有要求,那么需要付出非常大的代价,那是不现实的,而且也不一定行得通。因为有些要求是相辅相成的,而有些要求是相互矛盾的。

软件每一种质量特性的相对重要性不但因维护类型而不同,而且因软件的用途和计算机环境的不同而不同。因此,在提出软件质量目标的同时还必须规定它们的优先级,这样有助于提高软件的质量,减少软件生命周期的费用。

(3) 进行明确的质量保证审查。要提高软件可维护性,必须要进行质量保证审查。质量保证审查可分为四种类型:在检查点进行检查、验收检查、周期性维护检查、对软件包检查。

(4) 选择可维护的程序设计语言。编码所使用的程序设计语言对软件的可维护性影响很大。低级语言难以理解,因此也很难维护。高级语言比低级语言容易理解,因此可维护性更好。尤其是第四代语言(如 Ada、Modula-2、Smalltalk-80 等)更容易理解、更容易编程,因此更容易维护。

(5) 改进程序的文档。程序文档对提高程序的可理解性有着重要的作用。规范、完整、一致的文档是建立可维护性的基本条件。在软件生命周期的每个阶段的技术复审和管理复审中都应对文档进行检查,对可维护性进行评审。

9.3.5 软件维护的副作用

所谓软件维护的副作用,是指因修改软件而造成的错误或其他不希望发生的情况。

在软件维护时,必然会对源程序进行修改。软件修改是一项很危险的工作,对一个复杂的逻辑过程,哪怕做一项微小的改动,都有可能引入潜在的错误。虽然设计文档化和细致的回归测试有助于排除错误,但是维护还是会产生副作用。副作用大致可以分为以下三类。

1. 编码副作用

在使用程序设计语言修改源代码时可能引入错误。如删除或修改子程序、语句标号、标识符、操作符,改变程序代码的时序关系、程序的执行效率、程序占用存储的大小等,都很容易引入新的错误,应当特别谨慎。

2. 数据副作用

在修改数据结构时,有可能造成软件设计与数据结构不匹配,从而导致软件错误。数据副作用就是由修改软件信息结构引起的。容易引起数据副作用的修改有重新定义全局或局部常量、重新定义记录或文件格式、重新初始化控制标志或指针等、重新排列输入/输出或子程序参数表等,都容易产生设计与数据不相容的错误,可通过详细设计文档对数据副作用加以控制,在文档中描述一种交叉引用表,把数据元素、记录、文件和其他结构联系起来。

3. 文档副作用

对数据流、软件结构、逻辑模块等进行修改时，必须对相关技术文档进行修改，否则会导致文档与程序功能不匹配，使文档不能反映软件当前的状态。因此必须在软件交付之前对整个软件配置进行评审，以减少文档副作用。

9.4 习　　题

1. 名称解释

改正性维护　完善性维护　适应性维护　预防性维护

2. 填空题

(1) 根据软件维护的性质，可将软件维护分为　　　　、　　　　、　　　　和　　　　四种。

(2) 影响软件可维护性因素主要有　　　　、　　　　、　　　　和　　　　等。

(3) 影响软件维护工作量的因素有　　　　、　　　　、　　　　、　　　　、　　　　。

3. 简答题

(1) 软件产品发布前的准备工作有哪些？

(2) 简述软件维护基本流程。

(3) 提高软件可维护的方法有哪些？

(4) 软件维护的副作用有哪些？

4. 操作题

(1) 完成代码编写工作，生成项目发布文件。

(2) 编写目标软件系统用户手册，以项目组为单位提交。参考《计算机软件文档编制规范》(GB/T 8567—2006)中的"用户手册"的编写提示。

任务 10　软件项目管理

- **能力目标**
  - 能够根据项目特点选择适当的技术估算软件规模。
  - 能够估算软件开发工作量。
  - 能够制订详细的软件开发进度表。
  - 能够制订初步的软件项目管理计划。
- **知识目标**
  - 掌握估算软件规模的常用技术。
  - 掌握估算工作量的常用模型。
  - 掌握软件配置管理的任务。
  - 掌握软件质量保证措施。
  - 掌握软件生命周期各个阶段应该编写的文档种类。

任 务 导 入

软件项目管理是在20世纪70年代提出的。国外项目管理研究小组Standish经过调查发现,软件项目中的约30%的项目被取消,约75%的项目延时完成,约61%的项目不能达到预期的功能和特性;平均每个项目超过预算成本率189%,平均项目完成超时的可能性为222%。美国国防部专门研究了软件开发不能按时提交、预算超支和质量达不到用户要求的原因,结果发现70%的项目是因为管理不善引起的,而非技术原因。项目管理是影响软件研发项目的全局因素,而技术只影响局部。根据美国软件工程实施现状的调查,大约只有10%的项目能够在预定的费用和进度下交付。

软件项目管理和其他的项目管理相比有相当的特殊性。首先,软件是纯知识产品,其开发进度和质量很难估计与度量,生产效率也难以预测和保证;其次,软件的复杂性也导致了开发过程中各种风险的难以预见和控制。

软件项目失败的主要原因有需求不明确,计划不充分,工作量评估与实际值差距较大,管理无力,组织不当,使用新技术,缺乏有效的沟通等。在关系到软件项目成功与否的众多因素中,项目计划、工作量估计、进度控制、需求变化和风险管理等都是与项目管理直接相关的因素。由此可见,软件项目管理至关重要。

随着软件开发规模和开发队伍越来越庞大,软件项目管理日益受到人们重视,各软件企业都在积极将软件项目管理引入开发活动中,对开发实行有效的管理。

任 务 清 单

(1) 估算软件规模和软件开发工作量。
(2) 进度管理和人员组织。
(3) 软件质量保证措施。
(4) 软件配置管理。
(5) 制订软件项目管理计划。

10.1 软件项目管理概述

软件项目管理就是为了使软件项目能够按照预定的成本、进度、质量顺利完成,而对成本、人员、进度、质量、风险等进行分析和管理的活动。软件项目管理的对象是软件工程项目。项目管理贯穿整个项目开发的始终。

软件项目管理的内容主要包括以下几个方面:人员的组织与管理,软件度量,软件项目计划,风险管理,软件质量保证,软件过程能力评估,软件配置管理等。

1. 软件项目管理的主要任务

(1) 制订项目实施计划。
(2) 对人员进行组织、分工。
(3) 按照计划的进度,以及成本管理、质量管理的要求,进行软件开发。
(4) 最终完成软件项目规定的各项任务。

2. 项目管理的原则

(1) 用分阶段的生命周期计划严格管理。
(2) 坚持进行阶段评审。
(3) 实行严格的产品控制。
(4) 采用现代程序设计技术。
(5) 结果应能清楚地审查。
(6) 开发小组的人员应该少而精。
(7) 承认不断改进软件工程实践的必要性。

3. 衡量项目成功的主要指标

(1) 以较低的成本开发出软件。
(2) 软件具备所有要求的功能。
(3) 软件的性能较好。

(4) 开发的软件易于移植。
(5) 软件在使用中仅需较低的维护费用。
(6) 能按时完成开发工作，及时交付使用。

10.2 估算软件规模

软件项目管理过程从一组项目计划活动开始，而第一项计划活动就是"估算"。由于估算是所有其他项目计划活动的基础，而项目计划为软件工程指出了通往成功的道路，因此，必须充分重视估算活动。

工作量估算和完成期限估算是项目计划的基础。为了估算软件项目的工作量和完成期限，首先需要度量软件的规模。下面介绍两种常用的估算软件规模的方法。

10.2.1 代码行技术

代码行技术是比较简单的定量估算软件规模的方法。这种方法根据过去开发类似软件产品的经验和历史数据，估计实现一个功能需要的源程序行数。把实现每个功能需要的源程序行数累加起来，就可得到实现整个软件需要的源程序行数。

为了使得对程序规模的估计值尽可能接近实际值，可以由多位有经验的软件工程师分别独立地做出估计。每个人都估计程序的最小规模(a)、最大规模(b)和最可能的规模(m)，分别算出这三种规模的平均值，然后再用下式计算程序规模的估计值。

$$L = \frac{\bar{a} + 4\bar{m} + \bar{b}}{6}$$

用代码行技术估算软件规模时，当程序较小时常用的单位是代码行数(LOC)，当程序较大时常用的单位是千行代码数(KLOC)。

1. 代码行技术的优点

(1) 代码行是所有软件开发项目都有的"产品"，而且很容易计算。
(2) 许多现有的软件估算模型使用 LOC 或 KLOC 作为关键的输入数据。
(3) 已有大量基于代码行的文献和数据存在。

2. 代码行技术的缺点

(1) 源程序仅是软件配置的一个成分，用它的规模代表整个软件的规模似乎不太合理。
(2) 用不同语言实现同一个软件产品所需要的代码行数并不相同。
(3) 这种方法不适用于非过程语言。

10.2.2 功能点技术

功能点技术依据对软件信息域特性和软件复杂性的评估结果，估算软件规模。这种方法用功能点（FP）为单位，度量软件的规模。

1. 信息域特性

功能点技术定义了信息域的五个特性，分别是输入系数（inp）、输出系数（out）、查询系数（inq）、主文件系数（maf）和外部接口系数（inf）。

2. 估算功能点的步骤

用下述三个步骤，可以估算出一个软件的功能点数（软件规模）。

(1) 计算未调整的功能点数 UFP。首先，把产品信息域的每个特性（inp、out、inq、maf 和 inf）都分类成简单级、平均级或复杂级。根据其等级，为每个特性都分配一个功能点数，例如，一个平均级的输入项分配 4 个功能点，一个简单级的输入项分配 3 个功能点，而一个复杂级的输入项分配 6 个功能点。其次，用下式计算未调整的功能点数 UFP。

$$UFP = a_1 \times inp + a_2 \times out + a_3 \times inq + a_4 \times maf + a_5 \times inf$$

式中，$a_i (1 \leqslant i \leqslant 5)$ 是信息域特性系数，其值由相应特性的复杂级别决定，如表 10-1 所示。

表 10-1 信息域特性系数值

特性系数	复杂级别		
	简 单	平 均	复 杂
输入系数 a_1	3	4	6
输出系数 a_2	4	5	7
查询系数 a_3	3	4	6
主文件系数 a_4	7	10	15
外部接口系数 a_5	5	7	10

(2) 计算技术复杂性因子 TCF。这一步将度量 14 种技术因素对软件规模的影响程度。这些因素包括高处理率、性能标准（例如，响应时间）、联机更新等，在表 10-2 中列出了全部技术因素，并用 $F_i (1 \leqslant i \leqslant 14)$ 代表这些因素。根据软件特点，为每个因素分配一个从 0（不存在或对软件规模无影响）到 5（有很大影响）的值。然后，用下式计算技术因素对软件规模的综合影响程度 DI：

$$DI = \sum_{i=1}^{14} F_i$$

技术复杂性因子 TCF 由下式计算：

$$TCF = 0.65 + 0.01 \times DI$$

因为 DI 的值为 0～70，所以 TCF 的值为 0.65～1.35。

表 10-2 技术因素

序 号	F_i	技 术 因 素
1	F_1	数据通信
2	F_2	分布式数据处理
3	F_3	性能标准
4	F_4	高负荷硬件
5	F_5	高处理率
6	F_6	联机数据输入
7	F_7	终端用户效率
8	F_8	联机更新
9	F_9	复杂计算
10	F_{10}	可重用性
11	F_{11}	安装方便
12	F_{12}	操作方便
13	F_{13}	可移植性
14	F_{14}	可维护性

（3）计算功能点数 FP。功能点数 FP 由下式计算：

$$FP = UFP \times TCF$$

功能点数与所用的编程语言无关，因此，功能点技术比代码行技术更合理一些。但是，在判断信息域特性复杂级别及技术因素的影响程度时，存在相当大的主观因素。

10.3 使用 COCOMO 2 模型估算软件开发工作量

软件开发工作量估算是有效进行项目管理必不可少的过程，在软件开发项目管理中占据重要的地位，估算的工作量数据可以作为项目计划制订和项目跟踪监控的基础。但工作量估算是一个复杂的系统工程，经常出现估算结果与实际情况相差甚远的现象。如果没有比较精确的软件开发工作量估算，就可能导致开发工作处于失控状态，不仅可能导致软件开发成本的上升，开发周期的延长，还可能使得项目管理失效，最终导致项目失败。

软件开发工作量估算是依据软件估算模型进行估算的。软件估算模型通常使用由经验数据导出的公式来预测软件开发工作量。支持大多数软件估算模型的经验数据，都是从有限的一些项目样本中总结出来的，因此，没有一个软件估算模型能够适用于所有类型的软件和开发环境。典型的软件估算模型有静态单变量模型、动态多变量模型和 COCOMO 2 模型三类。下面介绍使用最广泛的 COCOMO 2 模型。

软件开发工作量是软件规模的函数，工作量的单位通常是人/月(pm)。

COCOMO 2 模型是 Barry Boehm 于 1981 年提出的构造性成本模型 COCOMO (constructive cost model)的修订版，它是一种层次结构的软件估算模型。COCOMO 2 模型分三个层次，分别是应用系统组成模型、早期设计模型和后体系结构模型。

(1) 应用系统组成模型。主要用于估算构建原型的工作量,模型名字暗示在构建原型时大量使用现有的构件。

(2) 早期设计模型。适用于体系结构设计阶段。

(3) 后体系结构模型。适用于软件产品实际开发阶段。

这三个层次的模型在估算工作量时,对软件细节考虑的详尽程度逐级增加,既可以用于不同类型的项目,也可以用于同一个项目的不同开发阶段。

COCOMO 2 模型把软件开发工作量表示成千行代码数(KLOC)的非线性函数,如下式所示。

$$E = a \times \text{KLOC}^b \times \prod_{i=1}^{17} f_i$$

式中,E 是开发工作量(以人/月为单位);a 是模型系数;KLOC 是估计的源代码行数(以千行为单位);b 是模型指数;$f_i(i=1\sim17)$ 是成本因素。

每个成本因素都根据它的重要程度和对工作量影响大小赋予一定数值(称为工作量系数)。这些成本因素对任何一个项目的开发工作量都有影响,应该重视这些因素。Boehm 把成本因素划分成产品因素、平台因素、人员因素和项目因素四类。影响软件开发成本的工作量系数如表 10-3 所示。

表 10-3 影响软件开发成本的工作量系数

类型	成本因素	系数					
		非常低	低	正常	高	非常高	特高
产品因素	可靠性	0.75	0.88	1.00	1.15	1.39	
	数据库规模		0.93	1.00	1.09	1.19	
	产品复杂性	0.75	0.88	1.00	1.15	1.30	1.66
	要求的可重用性		0.91	1.00	1.14	1.29	1.49
	需要的文档量	0.89	0.95	1.00	1.06	1.13	
平台因素	执行时间约束			1.00	1.11	1.31	1.67
	存储约束			1.00	1.06	1.21	1.57
	平台变动		0.87	1.00	1.15	1.30	
人员因素	分析员能力	1.50	1.22	1.00	0.83	0.67	
	应用领域经验	1.22	1.10	1.00	0.89	0.81	
	程序员能力	1.37	1.16	1.00	0.87	0.74	
	平台经验	1.24	1.10	1.00	0.92	0.84	
	语言和工具经验	1.25	1.12	1.00	0.88	0.81	
	人员连续性	1.24	1.10	1.00	0.92	0.84	
项目因素	使用软件工具	1.24	1.12	1.00	0.86	0.72	
	多地点开发	1.25	1.10	1.00	0.92	0.84	0.87
	开发进度约束	1.29	1.10	1.00	1.00	1.00	

模型系数 a 的典型值为 3.0,应该根据历史经验数据确定一个适合本组织所开发的项目类型的数值。

为了确定模型指数 b 的数值,COCOMO 2 模型使用 5 个分级因素 $W_i (1 \leq i \leq 5)$,其中每一个因素都划分成从非常低(5)到特高(0)的 6 个级别。然后用下式计算 b 的值。

$$b = 1.01 + 0.01 \times \sum_{i=1}^{5} W_i$$

因此,b 的取值范围为 1.01~1.26。

10.4 进度管理

在软件开发项目管理过程中,项目的计划和控制是决定项目能否顺利实施的关键内容,进度管理是软件开发项目管理的核心内容,它直接决定着开发团队的生存质量。

项目管理者的目标是定义全部项目任务,识别出关键任务,跟踪关键任务的进展状况,以保证能及时发现拖延进度的情况。为了做到这一点,管理者必须制订一个足够详细的进度表,以便监督项目进度,并控制整个项目。

软件项目的进度安排是一项活动,它通过把工作量分配给特定的软件工程任务,并规定完成各项任务的起止日期,从而将估算的工作量分布于计划好的项目持续期内。

10.4.1 估算开发时间

通常,估算模型也同时为我们提供估算开发时间 T 的方程。使用 COCOMO 2 模型估算开发时间的公式如下。

$$T = 3.0 E^{0.33 + 0.2 \times (b - 1.01)}$$

式中,E 为开发工作量(以人/月为单位);T 为开发时间(以月为单位)。

用上式计算出的 T 值,代表正常开发时间。有时,客户往往希望缩短软件的开发时间,为了缩短开发时间应该增加从事开发工作的人数。

但是,经验告诉我们,随着开发小组规模增大,个人的生产率将下降。出现这种现象的主要原因有两个。

(1) 当小组变得更大时,每个人需要用更多时间与组内其他成员讨论问题、协调工作,因此,通信开销增加了。

(2) 如果在开发过程中增加小组人员,则最初一段时间内项目组总生产率不仅不会提高反而会下降。这是因为开始时新成员还不是生产力,而且在他们学习期间还需要花费小组其他成员的时间。

因此,存在被称为 Brooks 规律的下述现象:向一个已经延期的项目增加人力,只会使得它更加延期。进度和人数之间是不存在线性关系的,增加的人手会导致更多的沟通问题,最后导致进度会更加延迟。

10.4.2 进度控制

很少的进度计划能够在没有问题和延迟的情况下完成。导致计划不能按时完成的原因可能有所定期限不现实;客户需求发生变化;工作量或资源估计不足;风险考虑不周;事先无法预计的技术困难;事先无法预计的人力困难;项目成员交流不畅;管理不善,未发现进度拖后,等等。项目经理必须随时根据项目的目标、进度安排以及成本花销对项目的进度进行监控和报告,并作出适当的计划调整。

1. 进度控制原则

(1) 明确的任务划分。项目工作必须被划分成若干可以管理的活动和任务,保证每个任务的独立性和完整性。

(2) 严谨的工作流程。任务之间的顺序必须是确定的,注重顺序进行和并行进行两种方式。

(3) 合理的工作量分配。为每个任务指定开始日期和结束日期,每个项目都有预定数量的人员参与,必须注意工作总量和个人能力上限。

(4) 明确的责任和结果定义。每个任务都应有特定的负责人,每个任务都应该有一个明确的质量目标。

(5) 里程碑定义与实施。一个里程碑意味着一个阶段的完成,定期的总结和提交会保证项目质量,合理的里程碑能够调节团队的节奏。

2. 分配工作量

工作量分配的一般原则为可行性研究占总工作量的 2%～3%,需求分析占总工作量的 10%～25%,软件设计占总工作量的 20%～25%,编码占总工作量的 15%～20%,测试和调试占总工作量的 30%～40%,如表 10-4 所示。

表 10-4 软件开发工作量分配

软件开发阶段	工作量	软件开发阶段	工作量
可行性研究	2%～3%	编码	15%～20%
需求分析	10%～25%	测试和调试	30%～40%
软件设计	20%～25%		

3. 进度控制方法

为监控软件项目的进度计划和工作的实际进展情况,为表现各项任务之间进度的相互依赖关系,需要采用图示的方法。

用图来表示进度计划和实际进展情况时,图中必须明确标明以下信息。

(1) 各个任务计划的开始时间和完成时间。

(2) 各个任务完成的标志(文档编写和评审)。

(3) 各个任务与参与工作的人数,各个任务与工作量之间的衔接情况。

(4) 完成各个任务所需的物理资源和数据资源。

10.4.3 甘特图

甘特图(gantt)又称横道图或条形图,是历史悠久、应用广泛的进度计划工具。它能形象地描绘任务分解情况,以及每个子任务(作业)的开始时间和完成时间,因此是进度管理的有力工具。不足之处在于不能表达出各任务之间复杂的逻辑关系。甘特图大多用于小型项目。

甘特图是用水平线段表示任务的工作阶段。线段的起点和终点分别对应着任务的开始时间和完成时间;线段的长度表示完成任务所需的时间。甘特图示例如图 10-1 所示。

图 10-1　甘特图示例

10.4.4 工程网络图

当把一个工程项目分解成许多子任务,并且它们彼此间的依赖关系又比较复杂时,仅用甘特图作为安排进度的工具是不够的,不仅难以制订出既节省资源又保证进度的计划,还容易发生差错。

工程网络图(PERT)是制订进度计划时另一种常用的图形工具,它同样能描绘任务分解情况以及每项作业的开始时间和完成时间,此外,它还显式地描绘各个作业彼此间的依赖关系。因此,工程网络图是系统分析和系统设计强有力的工具。

在工程网络图中每个圆圈表示一项开发活动及持续时间,圆括号内是起止日期,箭头表示活动顺序。某软件项目工程网络图示例如图 10-2 所示。

当调整软件项目进度时,首先在工程网络图中找出关键路径,即决定项目开发时间的任务链,然后通过调节关键路径上的某些任务,控制整个进度。在关键路径上的各个任务都是时间余量为零的关键任务,不能有任何时间延误。在图中有几项任务的起止日期相同,这些任务定义了关键路径。例如,某软件项目调整进度后的工程网络图如图 10-3 所示。其中粗线箭头指示的是关键路径。

软件工程项目的管理人员应该密切注视关键开发活动的进展情况,如果关键开始活动出现的时间比预计的时间晚,则会使最终完成项目的时间拖后;如果希望缩短工期,只有往关键开发活动中增加资源才会有效果。

图 10-2 某软件项目工程网络图示例

图 10-3 某软件项目调整进度后的工程网络图

10.5 人员组织

人员组织

软件开发项目组人员的素质和数量是影响软件产品质量和开发效率的重要因素。素质高的人员的开发效率比素质低的人员的开发效率可能高几倍甚至几十倍,而且素质高的人员所开发的软件中的错误明显少于素质低的人员所开发的软件中的错误。此外,当几个人共同承担软件开发项目中的某一任务时,人与人之间必须通过交流来解决各自承担任务之间的接口问题,即通信问题。人数越多,通信开销越大。通信不仅需要花费时间和代价,而且还会引起软件错误的增加,降低软件生产率。因此,选择和确定软件开发项目组人员时应遵循"少而精"的原则。

10.5.1 确定项目组成员

软件开发项目组一般由项目负责人、系统分析员、程序员、资料员、测试人员、项目实施人员等组成。根据项目规模和成员能力的实际情况,有的人可以身兼数职,但职责必须明确。

(1) 项目负责人对软件项目全过程中的各个环节实行管理、监督、协调、培训、计划等工作。需要具有管理能力、决策能力、解决问题能力和激励能力等。

(2) 系统分析员参与项目的需求调研、需求分析,负责项目的概要设计、算法设计,指导详细设计和开发。要求具有丰富的工作经验,是业务领域和技术领域的专家,有较强的沟通能力和分析能力,以及对突发事件的处理能力。

(3) 程序员根据设计师的设计成果进行具体编码工作,对自己的代码进行基本的单元测试。需要具备产品开发所需要基本技术、技能和熟练的编程能力。

(4) 测试人员制订测试计划和测试方案并对目标产品进行测试;编写测试用例和测试代码,发现和跟踪 Bug 等。除了要求和开发人员具有相同的技术技能外,还应该熟悉测试理论和测试方法。

(5) 项目实施人员负责软件系统安装配置、系统割接、运行期间的维护工作。

10.5.2 确定项目组组织方式

如何组织项目组是一个管理问题,管理者必须合理地组织项目组,使项目组有较高生产率,能够按预定的进度计划完成所承担的工作。经验表明,项目组组织得越好,其生产率越高,而且产品质量也越高。下面介绍几种典型的人员组织方式。

1. 主程序员组

主程序员组由主程序员、后备程序员、1~3 名程序员及编程秘书组成(见图 10-4)。主程序员由经验丰富、技术好、能力强、会管理的程序员担任,其他成员,包括程序员、后备程序员等,是主程序员的助手。

(1) 主程序员全面负责系统的设计、编码、测试和安装工作,协调和审查小组的全部技术活动。

(2) 后备程序员是主程序员的助手,必要时能代替主程序员领导小组的工作并保持工作的连续性。

(3) 程序员协助主程序员工作。

图 10-4　主程序员组结构

（4）编程秘书负责保管和维护所有的软件文档资料、源代码、数据及所依附的各种磁介质；规范并收集可重用软件，对它们分类并提供检索机制；协助软件开发小组准备文档，对项目中的各种参数，如代码行、成本、工作进度等，进行估算；参与小组的管理、协调和软件配置的评估。

此外，软件开发小组还可以根据任务需要配备有关专业人员，如数据库设计人员、测试员等。这种组织形式的成败主要取决于主程序员的技术水平和管理水平。

2. 民主制程序员组

民主制程序员组的重要特点是组内成员人人平等，享有充分民主，组内问题均由集体讨论决定，通过协商做出技术决策。小组成员间的通信是平行的，如果一个小组有 n 个成员，则可能的通信信道有 $n(n-1)/2$ 条。这种组织形式有利于集思广益，相互取长补短，但工作效率比较低。

3. 现代程序员组

小组由项目经理、技术负责人和程序员组成。项目经理负责所有非技术的管理决策，技术负责人负责小组的技术活动。项目经理和技术负责人最好由一个人担任。现代程序员组结构如图 10-5 所示。

图 10-5　现代程序员组结构

当软件项目规模较大时，应该把程序员分成若干个小组，一般来讲，程序员小组人数以 2～5 人为宜。采用如图 10-6 所示的组织结构。

图 10-6 大型项目项目组组织结构

10.6 软件质量保证

质量是产品的生命,不论生产什么产品,质量都是极其重要的。软件产品开发周期长,耗费巨大的人力和物力,更必须特别注意保证质量。

10.6.1 软件质量

1. 软件质量概念

根据国际标准化组织(ISO 8402)定义:"对用户在功能和性能方面需求的满足、对规定的标准和规范的遵循以及正规软件某些公认的应该具有的本质。"

ANSI/IEEE 定义:"与软件产品满足规定的和隐含的需求能力有关的特征与特性的全体。"

概括地说,软件质量就是"软件与明确和隐含定义的需求相一致的程度"。更具体地说,软件质量是软件符合明确地叙述的功能和性能需求、文档中明确描述的开发标准,以及所有专业开发的软件都应具有的隐含特征的程度。

2. 影响软件质量的主要因素

从管理角度对软件质量度量,把影响软件质量的因素分成三组,它们分别反映用户在使用软件产品时的产品运行、产品修改和产品转移三种不同倾向或观点。

1977 年 Walters 和 McCall 提出的软件质量层次模型与度量,描绘了软件质量因素和上述三种倾向(或称为产品活动)之间的关系。McCall 软件质量模型如图 10-7 所示。

(1) 正确性。系统满足规格说明和用户目

图 10-7 McCall 软件质量模型

标的程度,即在预定环境下能正确地完成预期功能的程度。

(2) 健壮性。在硬件发生故障、输入的数据无效或操作错误等意外环境下,系统能做出适当响应的程度。

(3) 效率。为了完成预定的功能,系统需要的计算资源的多少。

(4) 完整性(安全性)。对未经授权的人使用软件或数据的企图,系统能够控制(禁止)的程度。

(5) 可用性。系统在完成预定应该完成的功能时令人满意的程度。

(6) 风险。按预定的成本和进度把系统开发出来,并且为用户所满意的概率。

(7) 可理解性。理解和使用该系统的容易程度。

(8) 可维修性。诊断和改正在运行现场发现的错误所需要的工作量的大小。

(9) 灵活性(适应性)。修改或改进正在运行的系统需要的工作量的多少。

(10) 可测试性。软件容易测试的程度。

(11) 可移植性。把程序从一种硬件配置和(或)软件系统环境转移到另一种配置和(或)环境时,需要的工作量多少。有一种定量度量的方法是:用原来程序设计和调试的成本除以移植时需用的费用。

(12) 可重用性。在其他应用中该程序可以被再次使用的程度(或范围)。

(13) 互操作性。把该系统和另一个系统结合起来需要的工作量的多少。

10.6.2 软件质量保证措施

软件质量保证(software quality assurance,SQA)措施如下。

(1) 采用保证质量的技术手段(方法、工具等)。如采用实行面向用户参与的快速开发原型系统、面向对象方法和可复用构件技术等。

(2) 进行正式的里程碑式的技术评审。在软件生命周期的每个阶段结束之前,都正式使用结束标准对该阶段的成果进行严格的技术审查,如果有发现问题,就可以及时在阶段内解决。

(3) 全面测试。采用适当的手段,对系统调查、系统分析、系统设计、实现和文档进行全面测试。

(4) 推行软件工程标准。根据软件工程标准制定机构和标准适用的范围,将软件质量标准分为五个级别,即国际标准、国家标准、行业标准、企业标准和项目规范。

(5) 对软件的变更进行控制。通过给文档和程序文件编上版本号,记录每次的修改信息,使软件项目组的所有成员都了解文档和程序的修改过程。

(6) 对软件的质量进行度量。

(7) 对软件质量情况及时记录和报告。

国际标准化组织(ISO)公布的国际标准 ISO 9000 中,强调质量并不是在产品检验中得到的,而是在生产的全过程中形成的。ISO 9000 要求"在生产的全过程中,影响产品质量的所有因素都要始终处于受控状态"。质量管理和质量保证标准 ISO 9000 第三部分(在软件开发、供应和维护中的使用指南)阐述了供方和需方应该怎样进行有组织的质量管理活动,才能得到较为满意的软件产品;规定了从双方签订开发合同到设计、实现和维护的整个软件生命周期中应该实施的质量管理活动。为使软件产品达到质量要求,ISO 9000-3 要求软件开发机构建立质量管理体系。ISO 9000 标准第三部分中规定的各项质量活动都要求以文档作为各阶段活动的结果,文档在标准中占有十分重要的地位。我国国家标准《计算机软件质量保证计划规范》(GB/T 12504—1990)的制定参考了国际标准。

"ISO/IEC 12207 软件生命周期过程标准"是指导软件过程实施的一个标准,它从多个角度阐述了软件生命周期各个过程中的活动,对规范软件开发过程,协调各类人员之间的关系,都具有指导作用。

"ISO/IEC TR 15504 软件过程评估标准"是从过程评估的角度对软件过程进行规范的标准。它为软件过程评估提供了一个框架,并为实施评估以确保各种级别的一致性和可重复性提出了一个最小需求。该需求有助于保持评估结果前后一致,并提供证据证明其级别、验证与需求相符。这些标准的制定对软件工程起到了强有力的推动作用。

10.7 软件配置管理

在软件开发的过程中,变化(或称为变动)是不可避免的。如果不能适当地控制和管理变化,势必造成混乱并产生许多严重的错误。

软件配置(software configuration)是指软件产品在软件生命周期各个阶段产生的各种形式和各种版本的文档、数据、程序的集合。

软件配置管理(software configuration management,SCM)是在整个软件生命周期内管理变更的一组活动,目的是建立和维护在整个软件生命周期中软件项目产品的完整性和一致性。配置管理的主要工作包括标识、组织和控制修改,以最大限度地提高软件开发效率和质量。软件配置管理不同于软件维护。维护是在软件交付给用户使用后才发生的,而软件配置管理是在软件项目启动时就开始,并且一直持续到软件终止使用后才终止的一组跟踪和控制活动。

1. 基本概念

(1) 软件配置项。软件配置项(software configuration item,SCI)是软件过程输出程序(源代码和可执行程序)、描述程序的文档和数据全部信息。主要有系统规格说明、软件项目规划、软件需求规格说明、设计规格说明(数据设计、总体结构设计、模块设计、界面设计、对象描述)、源代码清单、测试规格说明、测试计划和过程、测试用例与测试结果、操作和安装手册、可执行程序(可执行程序模块、链接代码)、用户手册、维护文档等。

(2) 基线。为了有效地控制变更,软件配置管理引入了"基线"(basic line)这一概念。IEEE 对基线的定义是这样的:"已经正式通过复审和批准的某规约或产品,它因此可作为进一步开发的基础,并且只能通过正式的变化控制过程改变。"根据这个定义,把所有在软件的开发流程中需加以控制的配置项分为基线配置项和非基线配置项两类。基线配置项可能包括所有的设计文档和源程序等;非基线配置项可能包括项目的各类计划和报告等。

在软件配置项变成基线之前,可以迅速而非正式地修改它。一旦建立了基线,虽然仍然可以实现变化,但是,必须应用特定的、正式的过程(称为规程)来评估、实现和验证每个变化。

2. 软件配置管理主要任务

软件配置管理是软件质量保证的重要一环,它的主要任务是标识配置项、控制软件配置的全部变动(控制变更)、配置审计和配置状态报告。

(1) 标识配置项。为了控制和管理软件配置项,必须单独命名每个配置项,然后用面向对象方法组织它们。配置项应该被唯一标识,同时应该定义软件配置项的表达约定,一个项目可能有一种也可能有很多种的配置项标识定义。例如,文档类的、代码类的、工具类的配置项标识定义等,或者统一的规范定义。

(2) 控制变更。软件项目配置项可能由于种种原因会发生变更。变更如果没有得到很好地控制,就会产生很多的麻烦,以致于项目的失败。所以,变更应受到控制,这种变更要经配置控制委员会(可以是一个人也可以是一个小组,基本是由项目经理及其相关人员组成)授权,按照程序进行控制并记录修改的过程。变更控制过程包括变更请求、变更评估、变更批准或者驳回,以及批准后的变更实现。

进行变更时,首先填写变更请求表,提交给配置控制委员会,由配置控制委员会组织相关人员分析变更的影响,其中包括范围的影响、规模的影响、成本的影响、进度的影响等,根据分析的结果,决定是否同意变更,或者对变更的一部分提出意见。然后,项目经理根据批准的结果,指导项目组进行相应的修改,包括项目计划、需求、设计或者代码等相应的文档、数据、程序或环境等的修改。

(3) 配置审计。配置审计包括两方面的内容:"配置管理活动审计"和"基线审计"。"配置管理活动审计"用于确保项目组成员的所有配置管理活动,遵循已批准的软件配置管理方针和规程。"基线审计"是审核基线化软件工作产品的完整性和一致性,其目的是保证基线的配置项正确地构造并实现。基线的完整性可从以下几个方面考虑:基线库是否包括所有计划纳入的配置项;基线库中配置项自身的内容是否完整。此外,对于代码,要根据代码清单检查是否所有源文件都已存在于基线库中。同时,还要编译所有的源文件,检查是否可产生最终产品。一致性主要考察需求与设计以及设计与代码的一致关系,尤其在有变更发生时要检查所有受影响的部分是否都做了相应的变更。审核发现的不符合项要进行记录并跟踪,直到解决。

在某些情况下,配置审计被作为正式的技术审核的一部分,但当软件配置管理是一个正式的活动时,配置审计活动就应该由软件质量管理人员单独执行。

(4) 配置状态报告。配置状态报告是软件配置管理的一项任务。配置状态报告对于大型软件开发项目的成功起着至关重要的作用。它提高了所有开发人员之间的通信能力,避免了可能出现的不一致和冲突。配置状态报告的内容一般包括以下各项。

① 各变更请求概要。变更请求号、日期、申请人、状态、估计工作量、实际工作量、发行版本、变更结束日期。

② 基线库状态。
③ 发行信息。
④ 备份信息。
⑤ 配置管理工具状态。
⑥ 配置管理培训状态。

每次新分配一个配置项或更新一个已有配置项或更新一个已有配置项的标识,或者一项变更申请被变更控制负责人批准,并给出了一个工程变更顺序时,在配置状态报告中就要增加一条变更记录条目,一旦进行了配置审计,其结果也应该写入配置状态报告中。配置状态报告可以放在一个联机数据库中,以便开发人员或者维护人员可以对它进行查询或修改。此外,在配置状态报告中新记录的变更应当及时通知给管理人员和其他工程师。

软件工程的文档管理

10.8 软件工程的文档管理

为了保证软件项目开发成功,便于运行和维护,在开发工作的每一阶段,都需要编制一些文档。这些文档是计算机软件中不可缺少的组成部分,它的作用包括以下5个方面。

(1) 这是开发人员阶段性的工作成果和结束标志。
(2) 向管理人员提供软件开发过程中的进展和情况,提高软件开发过程的能见度。
(3) 记录开发过程中的技术信息,便于使用和维护。
(4) 提供软件运行、维护和使用的信息。
(5) 介绍软件的功能和性能等。

10.8.1 软件文档及其使用对象

在计算机软件的生存周期中,按照《计算机软件文档编制规范》(GB/T 8567—2006)的要求,一般来说,应该产生以下一些基本文档。

(1) 可行性分析(研究)报告。
(2) 软件(或项目)开发计划。
(3) 软件需求规格说明。
(4) 接口需求规格说明。
(5) 系统/子系统设计(结构设计)说明。
(6) 软件(结构)设计说明。
(7) 接口设计说明。
(8) 数据库(顶层)设计说明。
(9) (软件)用户手册。
(10) 操作手册。
(11) 测试计划。

(12) 测试报告。
(13) 软件配置管理计划。
(14) 软件质量保证计划。
(15) 开发进度月报。
(16) 项目开发总结报告。
(17) 软件产品规格说明。
(18) 软件版本说明等。

这些文档分别由不同人员使用。从使用的角度可将这些文档分为用户文档和开发文档两大类。其中,用户文档必须交给用户。用户应该得到的文档的种类和规模由供应者与用户之间签订的合同规定。文档的使用人员如表10-5所示。

表 10-5 文档的使用人员

管理人员	开发人员	维护人员	用　户
可行性分析(研究)报告 项目开发计划 软件配置管理计划 软件质量保证计划 开发进度月报 项目开发总结报告	可行性分析(研究)报告 项目开发计划 软件需求规格说明 接口需求规格说明 软件(结构)设计说明 接口设计说明 数据库(顶层)设计说明 测试计划 测试报告	软件需求规格说明 接口需求规格说明 软件(结构)设计说明 测试报告	软件产品规格说明 软件版本说明 用户手册 操作手册

10.8.2　软件生存周期各阶段文档的编制

在可行性分析(研究)与计划阶段,要确定该软件的开发目标和总的要求,要进行可行性分析、投资—收益分析、制订开发计划,并完成可行性(研究)分析报告、开发计划等文档。

在需求分析阶段,由系统分析人员对被设计的系统进行系统分析,确定对该软件的各项功能、性能需求和设计约束,确定对文档编制的要求,作为本阶段工作的结果,一般地说,软件需求规格说明(也称为软件需求说明、软件规格说明)、数据要求说明和初步的用户手册应该编写出来。

在设计阶段,系统设计人员和程序设计人员应该在反复理解软件需求的基础上,提出多个设计,分析每个设计能实现的功能并进行相互比较,最后确定一个设计,包括该软件的结构、模块的划分、功能的分配,以及处理流程。在被设计系统比较复杂的情况下,设计阶段应分解成概要设计阶段和详细设计阶段两个步骤。在一般情况下,应完成的文档包括结构设计说明、详细设计说明和测试计划初稿。

在实现阶段,要完成源程序的编码、编译(或汇编)和排错调试,得到无语法错误的程序清单,要开始编写进度日报、周报和月报(是否要有日报或周报,取决于项目的重要性和规模),并且要完成用户手册、操作手册等面向用户的文档的编写工作,还要完成测试计划的编制。

在测试阶段,该程序将被全面地测试,已编制的文档将被检查审阅。一般要完成测试分析报告。作为开发工作的结束,所生产的程序、文档以及开发工作本身将逐项被评价,最后写出项目开发总结报告。

在整个开发过程中(前5个阶段中),开发集体要按月编写开发进度月报。

在运行和维护阶段,软件将在运行使用中不断地被维护,根据新提出的需求进行必要而且可能的扩充、删改、更新和升级。

下面把上述各阶段应编制的文档以表格形式列出,如表10-6所示。

表 10-6 软件生存周期各阶段应编制的文档

软件生存周期	编制的文档
可行性分析(研究)与计划阶段	可行性分析(研究)报告、开发计划、开发进度月报
需求分析阶段	软件需求规格说明、数据要求说明、初步的用户手册、开发进度月报
设计阶段	结构设计说明、详细设计说明、测试计划初稿、开发进度月报
实现阶段	进度日报、周报和月报、用户手册、操作手册、测试计划、开发进度月报
测试阶段	项目开发总结报告、开发进度月报
运行和维护阶段	有关文档的扩充、删改、更新和升级

10.8.3 面向对象软件各种文档的编制

在一个面向对象的软件系统建模中,一般来说,应产生如下文档:
(1) 总体说明文档。
(2) 用例图文档。
(3) 类图文档。
(4) 顺序图文档。
(5) 协作图文档。
(6) 状态图文档。
(7) 活动图文档。
(8) 组件图文档。
(9) 配置图文档。

其中,有的文档有时会引引包图来管理信息组织的复杂性。开发者也可根据所承担项目的实际情况灵活取舍或增补。当开发者强调过程控制时,也可以形成需求定义文档、分析文档和设计文档等。其中,每种文档的内容包含一个或多个上面提到的各种图文档。

10.8.4 文档编制应考虑的因素

文档编制是软件开发过程的有机组成部分,是一个从形成最初轮廓、经反复检查和修改,直至程序和文档正式交付使用的完整过程。要保证文档编制的质量,要体现每个开发项目的特点，也要注意不要花太多的人力。为此编制中要考虑以下各项因素。

1. 文档的读者

每一种文档都具有特定的读者。这些读者包括个人或小组、软件开发单位的成员或社会上的公众、从事软件工作的技术人员、管理人员或领导干部。因此文档的作者必须了解自己的读者，文档的编写必须注意适应自己的特定读者的水平、特点和要求。

2. 重复性

较明显的重复有两类。引言是每一种文档都要包含的内容，以向读者提供总的梗概。第二类较明显的重复是各种文档中的说明部分，如对功能等方面的说明，对输入、输出的描述，系统中包含的设备等。这是为了方便每种文档各自的读者，每种文档应该自成体系，尽量避免读一种文档时又不得不去参考另一种文档。当然，在每一种文档里，有关引言、说明等同其他文档相重复的部分，在行文、所用术语、详细程度上还是应该有一些差别，以适应各种文档的不同读者的需要。

3. 灵活性

不同软件在规模上和复杂程度上差别极大，文档的多少要根据项目规模和复杂程度决定，并不是一成不变的。

（1）应编制的文档种类。一般情况下，一项软件的开发过程中，应产生如上所述的各种文档，然而针对一项具体的软件开发项目，有时不必编制这么多的文档，可以把几种文档合并成一种。一般来说，当项目的规模、复杂性和失败风险增大时，文档编制的范围、管理手续和详细程度将随之增加；反之，则可适当减少。

软件开发单位的领导机构应该根据本单位经营承包软件的专业领域和本单位的管理能力，制定一个对文档编制要求的实施规定。

对于一个具体的软件项目，项目负责人应根据上述实施规定，确定一个文档编制计划（可以包含在软件开发计划中），每项工作必须落实到人。其中包括以下几点。

① 应该编制哪几种文档，详细程度如何。

② 各个文档的编制负责人和进度要求。

③ 审查、批准的负责人和时间进度安排。

④ 在开发时间内，各文档的维护、修改和管理的负责人，以及批准手续。

（2）文档的详细程度。同一份提纲起草的文件的篇幅大小往往不同，可以少则几页，多则几百页。详细程度取决于任务的规模、复杂性和项目负责人对该软件的开发过程及运行环境所需要的详细程度的判断。

（3）文档的扩展。当被开发系统的规模非常大（如源码超过 100 万行）时，一个文档可以分成几卷编写，可以按其中每一个系统分别编制，也可以按内容划分成多卷，举例如下。

① 项目开发计划可分成质量保证计划、配置管理计划、用户培训计划和安装实施计划。

② 系统设计说明可分写成系统设计说明和子系统设计说明。
③ 程序设计说明可分写成程序设计说明、接口设计说明和版本说明。
④ 操作手册可分写成操作手册和安装实施过程。
⑤ 测试计划可分写成测试计划、测试设计说明、测试规程和测试用例。
⑥ 测试分析报告可分写成综合测试报告和验收测试报告。
⑦ 项目开发总结报告也可分写成项目开发总结报告和资源环境统计。

10.9 软件项目管理计划

"IEEE 1058.1 软件项目管理计划标准"中规定，一个软件项目管理计划主要由三部分组成：要做的工作、要用的资源和要花的经费。

"IEEE 1058.1 软件项目管理计划标准"的软件项目管理计划内容如下。

1. 引言

（1）项目概览。简要地描述项目目标、要交付的产品、有关活动及其工作产品。此外，还要列出里程碑、所需的资源、主要的进度以及主要预算。

（2）项目交付。列出所有要交付给客户的软件配置项和交付的日期。

（3）软件项目管理计划的演变。在这部分描述改变计划的正式规程和机制。

（4）参考资料。在这部分列出软件项目管理计划引用的所有参考文档。

（5）术语定义和缩写词。这些信息确保每个人都能以同样方式理解软件项目管理计划。

2. 项目组织

从软件过程的角度和开发者的组织结构的角度，说明了产品是怎样开发的。

（1）过程模型。过程模型的关键内容有里程碑、基线、评审、工作产品以及可交付性。

（2）组织结构。描述开发组织的管理结构。在组织中划定权限和明确责任是很重要的。

（3）组织的边界和界面。在许多软件组织内部包含两种类型的组织：完成特定开发项目的开发组和起支持作用的支持组（如配置管理组和SQA组）。如果本项目有支持组介入，则项目组和支持组之间的行政、管理界线必须清楚地定义。

（4）项目责任。针对每个项目职责（如SQA）和每项活动（如产品测试），必须明确地指定好个人的责任。

3. 管理过程

（1）管理的目标和优先级。描述管理的原理、目标和优先级。

（2）假设、依赖性和约束。列出在规格说明文档及其他文档中包含的所有假设、依赖性和约束。

(3) 风险管理。列出项目中存在的多种风险因素和跟踪风险的机制。
(4) 监督和控制机制。详细地描述项目报告机制,包括复查和审计机制。
(5) 人员计划。列出所需人员的类型和数量,并且指明需要他们参与工作的时间。

4. 技术过程

(1) 方法、工具和技术。详细地描述有关软件和硬件的技术方面,应该覆盖的内容包括开发产品所用的计算机系统(硬件、操作系统和软件),以及产品运行的目标系统。其他需要描述的内容有所用的开发技术、测试技术、开发小组的结构、编程语言和 CASE 工具。此外,也应该包括技术标准,比如,文档标准和编码标准,以及可能参考的其他文档,还有开发和修改工作产品的过程。

(2) 软件文档。

(3) 项目支持功能。给出关于支持功能(如配置管理和质量保证)的详细计划,包括测试计划。

5. 工作包、进度和预算

(1) 工作包。详细说明工作包,并把与之相关的工作产品分解为活动和任务。

(2) 依赖性。模块编码是在设计之后,集成测试之前进行的。一般来说,工作包之间有相互依赖性,并且依赖于外部事件。

(3) 资源需求。

(4) 预算和资源分配。

(5) 进度表。对项目的各个部分都制订一个详细的进度表,然后确定主计划,以便在预算之内按时完成项目。

6. 附加部分

对于特定的项目,可能需要在项目计划中再增加一些内容。根据 IEEE 结构框架,把这些附加的内容列在一个计划的最后。附加的部分可能包括转包商管理计划、安全计划、测试计划、培训计划、硬件采购计划、安装计划和产品维护计划等。

10.10 习　　题

1. 名称解释

软件项目管理　主程序员组　民主制程序员组　现代程序员组　软件质量　软件配置项　基线

2. 简答题

(1) 软件配置管理主要任务是什么?

(2) 软件项目管理的主要任务是什么？项目管理的原则有哪些？
(3) 衡量软件项目成功的主要指标有哪些？
(4) 软件开发工作量分配的一般原则是什么？
(5) 软件开发项目组一般由哪些人员组成？
(6) 影响软件质量的因素有哪些？
(7) 保证软件质量的措施有哪些？

3. 操作题

制订目标系统软件项目管理计划，以项目组为单位提交。

参 考 文 献

[1] 张海藩. 软件工程导论[M]. 4版. 北京：清华大学出版社，2003.
[2] 陆惠恩. 软件工程[M]. 北京：人民邮电出版社，2008.
[3] Joseph Schmuller. UML基础、案例与应用[M]. 李虎，赵龙刚，译. 3版. 北京：人民邮电出版社，2004.
[4] 张京. 面向对象软件工程与UML[M]. 北京：人民邮电出版社，2008.
[5] 刘振安，董兰芳，刘艳群. 面向对象技术与UML[M]. 北京：机械工业出版社，2008.
[6] 彭晓青. MVC模式的应用架构系统的研究与实现[D]. 上海：华东师范大学，2007.
[7] 王少锋. 面向对象技术UML教程[M]. 北京：清华大学出版社，2004.
[8] 邓良松，刘海岩，陆丽娜. 软件工程[M]. 西安：西安电子科技大学出版社，2004.
[9] 陆惠恩. 实用软件工程[M]. 北京：清华大学出版社，2006.
[10] 郑人杰，殷人昆，陶永雷. 实用软件工程[M]. 2版. 北京：清华大学出版社，1997.
[11] 中国标准出版社. 计算机软件工程规范国家标准汇编2003[S]. 北京：中国标准出版社，2003.
[12] 中国国家标准化管理委员会. 计算机软件文档编制规范(GB/T 8567—2006)[S]. 北京：中国标准出版社，2006.
[13] 小电玩. 软件设计原则——接口隔离原则讲解以及代码示例[EB/OL]. (2023-10-19). https://blog.csdn.net/qq_49841284/category_12475007.html.
[14] T锅侠. 5个依赖倒置原则的例子及伪代码，让你成为编程高手[EB/OL]. (2023-05-30). https://baijiahao.baidu.com/s?id=1766755340104337340&wfr=spider&for=pc.
[15] 360文库. 腾讯敏捷开发及快速迭代[EB/OL]. (2023-03-23). https://wenku.so.com/d/49afe1-badc563ca878b5cf351b28109e.
[16] 搜狐. 40位软件名人榜单出炉，60后占半壁江山！[EB/OL]. (2018-07-01). https://www.sohu.com/a/238751588_374240.